例題で学ぶ

はじめての
電気回路

臼田昭司 著

技術評論社

はじめに

　電気回路は、大別すると直流回路と交流回路に分けることができます。また、交流回路の一部である過渡現象も重要な分野になっています。直流回路で成り立つ法則や定理は交流回路でも同じように適用することができます。

　本書は、直流回路から交流回路、過渡現象の基礎について、例題を用いながらステップ・バイ・ステップでやさしく解説します。また、電気、機械系技術者が電気回路についてもう一度手にもって勉強するための入門書として活用することができます。

　本書の各章の概要は次のようになります。

　第1章は、電気回路の基礎要素である、電荷と電流、電圧、電力と電力量、電気回路の構成要素の1つである電気抵抗について説明します。

　第2章は、電気回路の構成要素であるインダクタンスとキャパシタンスの働き、電気回路の基本構成として抵抗の直列接続と並列接続について説明します。

　第3章は、電気回路の基本法則として、キルヒホッフの法則と電気回路の閉路に流れる電流を解く手法の1つである網目電流法（閉路電流法）、直流回路網の定理の1つである重ねの定理について説明します。

　第4章は、直流回路網の諸定理の1つである鳳・テブナンの定理と例題を用いて鳳・テブナンの定理の具体的な適用例について説明します。また、最大電力の供給原理と鳳・テブナンの定理の関係について説明します。

　第5章は、交流回路の基本その1として、正弦波交流の基本である波高値（最大値）、平均値、実効値、位相について説明します。

　第6章は、交流回路の基本その2として、複素数表示と極表示について、例題を通してこれらの表示法を理解します。また、正弦波交流のフェーザ表示とフェーザ図、複素数表示との関係について説明します。

　第7章は、交流回路の回路要素である抵抗、インダクタス、キャパシタンスについて基本的な性質を説明します。具体的には、各回路素子の電圧と電流の関係についてフェーザ表示と複素数表示、フェーザ図について説明します。

　第8章は、交流回路の直列接続について、フェーザ図、インピーダンスの複素数表示と極座標表示（極表示）、インピーダンス図について説明します。また、誘導性インピーダンスと容量性インピーダンス、インピーダンスとアドミッタンスの関係、アドミッタンス図について説明します。

　第9章は、交流回路の並列接続について、直列接続と同じように、フェーザ図、インピーダンスの複素数表示と極座標表示などについて説明します。

　第10章は、交流の電力について、有効電力、無効電力、皮相電力、力率につい

て例題を通して説明します。また、交流回路網の諸定理について、例題を用いて説明します。

　第11章は、電磁誘導と電磁誘導結合回路について、近接して置かれた2つのコイルを例に説明します。

　第12章は、変圧器結合の基本、変圧器結合回路の等価回路と近似的等価回路について説明します。

　第13章は、交流回路を構成する回路要素の周波数特性と、これらを組み合わせた回路のインピーダンスとアドミタンスの複素平面上の軌跡について説明します。

　第14章と第15章は、過渡現象について説明します。第14章は古典的解法について、第15章はラプラス変換による解法について説明します。また、電気回路の基本信号を入力したステップ応答とインパルス応答について説明します。

　本書は、各章が関連しているので、初心者は第1章から順に読み進まれることを望みます。例題は、[解答]で解き方について具体的に説明していますが、計算については、関数電卓などを用いて自分で実際に計算し、また、フェーザ図については方眼紙などを用いて実際に作図されることをお薦めします。

　本書を通して、電気回路を紐解き、理解を深め、次のステップの足がかりとなり、また、技術者が電気回路をもう一度勉強される際の再入門のきっかけになれば、筆者として望外の喜びです。

　最後に、本書執筆の好機を与えていただいた、技術評論社の諸氏に感謝いたします。

2016年10月　著者

CONTENTS

第1章 電気回路の基本

- 1-1 電荷と電流 …………………………………………………… 12
- 1-2 電圧と電位差 ………………………………………………… 14
- 1-3 電力と電力量 ………………………………………………… 17
- 1-4 電気回路の構成要素 ………………………………………… 20

第2章 直流回路の構成要素と電気回路の基本構成

- 2-1 インダクタンス ……………………………………………… 26
- 2-2 キャパシタンス ……………………………………………… 29
- 2-3 オームの法則 ………………………………………………… 32
- 2-4 抵抗の直列接続 ……………………………………………… 34
- 2-5 抵抗の並列接続 ……………………………………………… 36

第3章 電気回路の基本法則

- 3-1 キルヒホッフの法則 ………………………………………… 42
  - 3-1-1 キルヒホッフの第1法則（電流則）……………… 42
  - 3-1-2 キルヒホッフの第2法則（電圧則）……………… 43
- 3-2 網目電流法（閉路電流法）………………………………… 46
- 3-3 重ねの理 ……………………………………………………… 51

第4章 鳳・テブナンの定理

- 4-1 鳳・テブナンの定理の基本 ……………………………… 56
- 4-2 鳳・テブナンの定理の適用 ……………………………… 58
- 4-3 最大電力の供給 …………………………………………… 62

第5章 交流回路の基本 ―その1―

- 5-1 正弦波交流の定義 ………………………………………… 66
- 5-2 正弦波交流の波高値、平均値、実効値 ………………… 69
- 5-3 正弦波交流電圧の測定 …………………………………… 72

第6章 交流回路の基本 ―その2―

- 6-1 複素数と極表示 …………………………………………… 76
- 6-2 複素数表示または極表示の加減算、乗算、除算 ……… 80
- 6-3 正弦波交流のフェーザ表示と複素数表示 ……………… 85
  - 6-3-1 正弦波交流のフェーザ表示 …………………… 85
  - 6-3-2 正弦波交流の複素数表示 ……………………… 85
- 6-4 正弦波交流の指数関数表現 ……………………………… 89

第7章 交流回路の回路要素

- 7-1 抵 抗 ……………………………………………………… 92
- 7-2 インダクタス ……………………………………………… 96
- 7-3 キャパシタンス …………………………………………… 99

第8章　交流回路の直列接続

8-1 直列接続 ··· 106
　　　8-1-1　抵抗とインダクタンスの直列接続 ················· 106
　　　8-1-2　抵抗とキャパシタンスの直列接続 ················· 107
8-2 インピーダンスとアドミタンス ································· 109
　　　8-2-1　インピーダンス ··· 109
　　　8-2-2　アドミタンス ··· 115

第9章　交流回路の並列接続

9-1 並列接続 ··· 120
　　　9-1-1　抵抗とインダクタンスの並列接続 ················· 120
　　　9-1-2　抵抗とキャパシタンスの並列接続 ················· 121
9-2 アドミタンス ··· 123
9-3 合成インピーダンス ·· 129
　　　9-3-1　インピーダンスの直列接続 ······························ 129
　　　9-3-2　インピーダンスとアドミタンスの直列接続 ········ 130

第10章　交流の電力と交流回路網の諸定理

10-1 電力と力率 ··· 134
　　　10-1-1　電力の計算 ··· 134
　　　10-1-2　有効電力 ··· 135
　　　10-1-3　無効電力と皮相電力 ··· 136
10-2 交流回路網の諸定理 ·· 144

第11章　電磁誘導結合回路

11-1　電磁誘導結合と相互インダクタンス　　150
11-2　電磁誘導結合回路　　155

第12章　変圧器結合回路と変圧器の実験

12-1　電磁誘導結合回路　　162
　　12-1-1　電磁誘導結合の結合度合い　　162
　　12-1-2　変圧器結合　　162
　　12-1-3　変圧器結合回路　　163
12-2　変圧器の実験　　170
　　12-2-1　無負荷実験　　170
　　12-2-2　実負荷実験　　173

第13章　交流回路の周波数特性

13-1　抵抗、インダクタンス、キャパシタンスの周波数特性　　180
　　13-1-1　抵抗の周波数特性　　180
　　13-1-2　インダクタンスの周波数特性　　180
　　13-1-3　キャパシタンスの周波数特性　　181
13-2　抵抗、インダクタンス、キャパシタンスの直並列回路の周波数特性　　184
　　13-2-1　抵抗RとインダクタンスLの直列回路　　184
　　13-2-2　抵抗RとキャパシタンスCの直列回路　　185
13-3　インピーダンスとアドミタンスの軌跡　　190
　　13-3-1　インピーダンス面とアドミタンス面　　190
　　13-3-2　抵抗RとインダクタンスLの直列回路　　191

第14章 古典的解法と過渡現象

- **14-1** $R-L$ 直列回路の過渡現象 …………………………… 196
- **14-2** $R-C$ 直列回路の過渡現象 …………………………… 204

第15章 ラプラス変換と過渡現象

- **15-1** ラプラス変換 …………………………………………… 216
- **15-2** $R-L$ 直列回路と $R-C$ 直列回路のラプラス変換 …… 224
  - 15-2-1 $R-L$ 直列回路 …………………………… 224
  - 15-2-2 $R-C$ 直列回路 …………………………… 225
  - 15-2-3 s 回路法 ………………………………… 226
- **15-3** インディシャル応答とインパルス応答 ……………… 229
  - 15-3-1 インディシャル応答 …………………… 229
  - 15-3-2 インパルス応答 ………………………… 232

付録

- **付録A** $R-L-C$ 直列共振回路 ……………………………… 236
- **付録B** 三相交流電源 ………………………………………… 239
- **付録C** 2端子対回路 ………………………………………… 243
  - C-1 Z マトリクス ………………………………… 243
  - C-2 Y マトリクス ………………………………… 244
  - C-3 H マトリクス ………………………………… 245
- **付録D** 三角関数の公式 ……………………………………… 246
- **付録E** ギリシャ文字、電気と磁気の単位、接頭語 ……… 249
  - E-1 ギリシャ文字表 ……………………………… 249
  - E-2 電気と磁気の単位表 ………………………… 250
  - E-3 接頭語の表 …………………………………… 250

第1章
電気回路の基本

　本章では、電気の基本として、電気回路の基礎要素である電荷と電流、電圧、電力と電力量、電気回路の構成要素の1つである電気抵抗について学びます。
　最初に、電気回路に流れる電荷と電流の定義について説明します。電圧と電位差については、揚水発電機を例にしてわかりやすく解説します。次に、電力と電力量について電気エネルギーと仕事の関係から説明し、最後に電気抵抗を理解するため抵抗率と導電率について説明します。

1−1 電荷と電流

　図1−1の電気回路をみてください。豆電球を点灯させる点灯回路です。スイッチを閉じて乾電池から豆電球に電流を流すと、豆電球は点灯します。このように電流が流れる路（みち）、回路のことを **電気回路**（*electric circuit*）といいます。

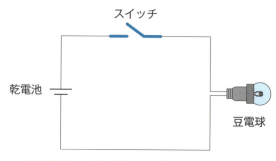

図1−1　電気回路の例（豆電球点灯回路）

　乾電池と豆電球は、導線（金属導体）で接続されています。豆電球が点灯するのは、電池から豆電球を回って、電気を帯びた多数の粒子が金属導線の中を流れるからです。電荷を帯びた多数の粒子のことを **電荷** といいます。すなわち、電荷が金属導線の中を流動することによって電気が流れることになります。電荷が流れることを **電気が流れる** といいます。電荷には、正の電荷を帯びた正電荷と、負の電荷を帯びた負電荷があります。電気回路では、正電荷の向きが電流の向きになります。負電荷の向きと電流の向きは反対方向になります。
　導線を流れる電流の大きさは、導線の断面を単位時間に通過する電荷の量として定義されています。すなわち、微小時間 Δt（秒）の間に、一定の大きさの電流が流れているとして、導線の断面を通過する電荷の量を ΔQ（クーロン）とすれば、そのときの電流の大きさ I は、次の式で定義されます。

$$I = \frac{\Delta Q}{\Delta t} \text{（アンペア）} \tag{1−1}$$

　電荷の単位はクーロン $[C]$、電流の単位はアンペア $[A]$ を使います。時間の単位は秒 $[s]$ です。

第1章　電気回路の基本

[例題1－1]
　電線に3アンペアの電流が5秒間流れたとき、その電線の断面を通過する電荷の量を求めなさい。

[解答]
　式（1－1）を変形します。
　　$\Delta Q = I \times \Delta t$ 　　　　　　　　　　　　　　　　　　（1－2）
　この式に、題意の $I = 3$ アンペア、$\Delta t = 5$ 秒を代入します。
　　$\Delta Q = 3 \times 5 = 15$ クーロン

答：15クーロン

1-2 電圧と電位差

　電気回路では、電圧は電位差のことを意味します。電位差は、揚水発電機の水位に例えることができます。揚水発電機のイメージを図1-2に示します。揚水発電機の原理は、夜間などの電力需要の少ない時間帯に、原子力発電所や他の発電所から余剰電力の供給を受けて、ポンプで下部貯水池から上部貯水池へ水を汲み上げておき、電力需要が大きくなる時間帯に上池から下池へ水を導き落とすことで発電する水力発電方式をいいます。

　水位の高い上部貯水池から水位の低い下部貯水池に水が流れることにより、上部貯水池の水位は低下し、下部貯水池に水位が上昇します。この水位の差を一定に保つことにより連続した水が流れるようになります。

　電気回路についても同じように考えることができます。図1-3の電気回路と図1-2を比較してください。

　電気回路では、水位に相当するものを電位（*electrical potential*）といいます。水流に相当するのが電流になります。電流は、電位の高いほうから低いほうへ流れます。また、電位の差（水位差に相当する）を電位差または電圧（*voltage*）といいます。揚水発電機のポンプに相当するのが、電気回路では起電力です。ポンプは水をくみ上げる働きがあり、起電力は、回路に電位差をつくり、電流を流す働きがあります。

　また、電位の基準は、通常、大地とします。電気回路では、これをアースまたはグランド（接地）といいます。

　電位と電圧の単位は、ボルト$[V]$を使います。

第1章 電気回路の基本

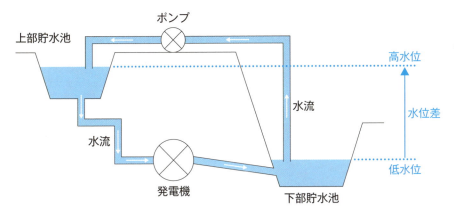

図1−2 水発電機のイメージ

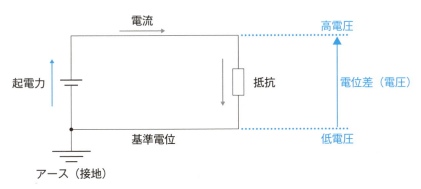

図1−3 電気回路

電圧の1ボルト[V]は次のように定義されています。

回路の電圧によって導体中の1クーロン[C]の正の電荷が、1ニュートン[N]の力を受けて1メータ[m]の距離を動くときの仕事量が1ジュール[J]であるとき、その電圧の大きさは1ボルト[V]であると定義されます。

すなわち、ある量の電荷$\Delta Q[C]$が電圧$V[V]$の電位差を動いたとき、その電荷に働く仕事量ΔWは次のように表されます。

$$\Delta W = \Delta Q \times V \tag{1−3}$$

または

$$V = \frac{\Delta W}{\Delta Q}[J/C] \equiv [V] \tag{1−4}$$

1−2 電圧と電位差

[例題1−2]

3個の電池（$E1$、$E2$、$E3$）が図1−4のように接続されている。端子P点とQ点の電圧V_PとV_Qは何ボルトになるか。

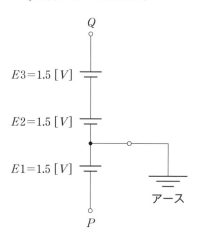

図1−4　電池の接続

[解答]

アースを電位の基準にします。

端子Q点の電圧V_pは、
$$V_p = E2 + E3 = 1.5 + 1.5 = 3.0\,[V]$$
になります。

一方、端子P点の電圧V_Qは、基準のアースに対してマイナスの方向なので、
$$V_Q = -E1 = -1.5\,[V]$$
になります。

答：$V_p = 3.0\,[V]$、$V_Q = -1.5\,[V]$

1-3 電力と電力量

電力(electric power)とは、電気エネルギーが単位時間あたりにする仕事の大きさのことをいいます。電力の量記号はPで表し、単位はワット$[W]$です。1ワット$[W]$とは、1秒間に1ジュール$[J]$の仕事をする電力のことをいいます。

すなわち、ある時間$\Delta t [s]$の間にする仕事量(エネルギー)が$\Delta Q [J]$であるとすれば、電力$P[W]$は次のように表されます。

$$P = \frac{\Delta Q}{\Delta t}[J/s] \equiv [W] \qquad (1-5)$$

図1-3の電気回路において、抵抗$R[\Omega]$に電流$I[A]$がΔt秒間流れたときの電気エネルギーΔQは、抵抗で発生した熱エネルギーに等しく、ジュールの法則から

$$\Delta Q = I^2 R \times \Delta t \ [J] \qquad (1-6)$$

になります。

したがって、電力Pは、

$$P = \frac{\Delta Q}{\Delta t} = \frac{I^2 R \times \Delta t}{\Delta t} = I^2 R = V \times I = \frac{V^2}{R} \ [W] \qquad (1-7)$$

のように表されます。

電力Pは、電圧$V[V]$と電流$I[A]$の積に等しくなります。

電気回路の電力を測定する測定器は、電力計(パワーメータ、写真1-1)です。

写真1-1 携帯用の電力計

1−3 電力と電力量

次に、電力量について説明します。

電力 $P[W]$ が時間 $t[s]$ 間行った仕事を電力量（*electric energy*）といいます。

電力量 W は次式で表されます。

$$W = P \times t \ [J] \equiv [W \cdot h] \tag{1-8}$$

電力量の単位には、ジュール $[J]=[W \cdot s]$ が用いられます。$[W \cdot s]$ は、ワット秒またはワットセカンドと発音します。

ここで、時間 t の単位が時 $[h]$ であれば、

$$W = P \times t \ [W \cdot h] \tag{1-9}$$

となります。$[W \cdot h]$ はワット時またはワットアワーと発音します。たとえば、$1[kW \cdot h]$ は、$1kW$ の電力を1時間使用したときの電力量になります。

一般家庭で使用されている電力量計を写真1−2に示します。電力量計のカウントされた数値を記録して家庭で使用した電力量を測定し、電力料金に換算しています。

写真1−2　電力量計

[例題1−3]

　1ワット時は、何ワット秒になるか。

[解答]

時間 $[h]$ を秒 $[s]$ に換算します。

　$h = 60 \times 60s = 3600s$

したがって、1ワット時は、

　$1[W \cdot h] = 3600 [W \cdot s]$

となります。

答：$3600 [W \cdot s]$

[例題1-4]
　電圧100[V]、電力40[W]の白熱電球がある。この発熱電球に100[V]の電圧を加えて、毎日12時間ずつ、30日間使用したときの電力量はいくらになるか。

[解答]
　式（1-9）に、$P=40$[W]、$t=12×30=36$[h]を代入します。
　　$W=P×t=40×12×30=14400$　[$W·h$]$=14.4$[$kW·h$]
[$kW·h$]は、キロワット時またはキロワットアワーと発音します。

答：14.4[$kW·h$]

1-4 電気回路の構成要素

　電気回路を構成する要素は、電気抵抗 R、インダクタンス（自己インダクタンス L、相互インダクタンス M）、キャパシタンス C の3種類があります。電気抵抗は、エネルギーを消費し、インダクタンスはエネルギーを磁界のかたちで蓄え、キャパシタンスは、エネルギーを電界のかたちで蓄えます。
　ここでは、電気抵抗のみを説明します※注。
　電気抵抗は、抵抗を構成する物質固有の性質や形状、寸法によって異なります。電気抵抗は抵抗率と導電率によって表現されます。
　断面積 $S\,[mm^2]$、長さ $L\,[m]$ の導体（銅線など）があるとします（図1-5）。この導体の抵抗 $R\,[\Omega]$ は、比例定数を ρ とすれば、次式が成りたちます。

$$R = \rho \frac{L}{S} [\Omega \cdot m] \qquad (1-10)$$

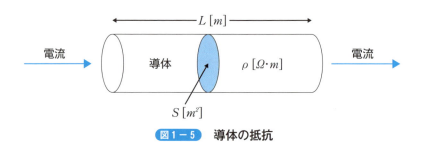

図1-5　導体の抵抗

　すなわち、抵抗 R は、長さ L に比例し、断面積 S に反比例します。比例定数 ρ（ローと発音）は物質に固有の定数で、**抵抗率**（*resistivity*）といいます。電流の流れをさまたげる、すなわち、電流の流れにくさを表現するものです。
　抵抗率の単位は、

$$\rho = R\frac{S}{L} = \Omega\frac{m^2}{m} = \Omega \cdot m$$

から $[\Omega \cdot m]$（**オームメートル**と発音）となります。
　一方、電流の流れやすさを表現する**導電率**（*conductivity*）があります。記号は σ（シグマと発音）を使います。導電率と抵抗率は逆数の関係にあります。

※注：インダクタンスとキャパシタスについては第2章で説明します。

$$\sigma = \frac{1}{\rho} [S/m] \qquad (1-11)$$

導電率の単位は、$[S/m]$（ジーメンス毎メートルと発音）です。

> **[例題1-5]**
> 断面積0.1 $[mm^2]$、長さ1 $[km]$ の銅線の抵抗 R を求めなさい。ただし、銅線の抵抗率は $2 \times 10^{-8} [\Omega \cdot m]$ とする。また、この銅線の導電率 σ を求めなさい。

[解答]

式（1-10）に、

$\rho = 2 \times 10^{-8} [\Omega \cdot m]$
$S = 0.1 [mm^2] = 0.1 \times [(10^{-3})^2 m] = 0.1 \times 10^{-6} [m]$
$L = 1 [km] = 1000 [m]$

を代入します。

$$R = \rho \frac{L}{S} = 2 \times 10^{-8} \frac{1000}{0.1 \times 10^{-6}} = 200 [\Omega]$$

次に、式（1-11）から導電率を求めます。

$$\sigma = \frac{1}{\rho} = \frac{1}{200} = 0.005 [S/m]$$

答：抵抗 $R = 200 [\Omega]$、$\sigma = 0.005 [S/m]$

電気回路では、電気抵抗の端子間に電圧 V を加えれば、V に比例した電流 I が流れます。すなわち、比例定数を G とれば

$$I = G \times V \qquad (1-12)$$

と表せます。

ここで、$G = \frac{1}{R}$ とすれば、

$$V = \frac{1}{G} \times I = R \times I \qquad (1-13)$$

となります。式（1-12）と式（1-13）の電圧 V と電流 I の関係を**オームの法則**と呼んでいます。すなわち、電圧 V と電流 I は比例関係にあります（図1-6）。

1－4 電気回路の構成要素

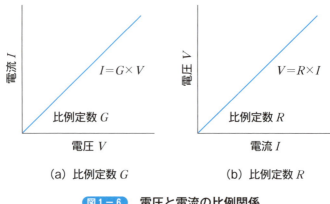

(a) 比例定数 G (b) 比例定数 R

図1－6 電圧と電流の比例関係

ここで、抵抗 $R\,[\Omega]$ の逆数 G は**コンダクタンス**（*conductance*）といいます。コンダクタンスの単位は $[1/\Omega]\equiv[S]$（**ジーメンス**）です。

[例題1－6]

図1－7の電気回路において、電圧 $10\,[V]$ を加えたとき抵抗に $2\,[A]$ の電流が流れた。抵抗 R を求めなさい。また、この抵抗のコンダクタンス G を求めなさい。

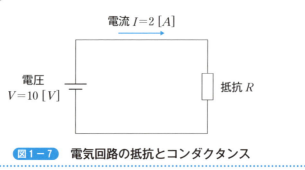

図1－7 電気回路の抵抗とコンダクタンス

[解答]

抵抗 R は、式（1－13）のオームの法則から

$$R=\frac{V}{I}=\frac{10}{2}=5\,[\Omega]$$

となります。

コンダクタンス G は、抵抗の逆数から

$$G = \frac{1}{R} = \frac{1}{5} = 0.2\ [S]$$

となります。

答：$R = 5\ [\Omega]$、$G = 0.2\ [S]$

第2章
直流回路の構成要素と電気回路の基本構成

　第1章では、電気回路の基本要素の1つである電気抵抗について学習しました。
　本章では、電気回路の他の構成要素としてインダクタンスとキャパシタンスについて説明します。次に電気回路の基本構成として抵抗の直列接続と並列接続について説明します。抵抗の直列接続では合成抵抗と電圧の分圧を、並列接続では合成抵抗と電流の分流について学びます。

2-1 インダクタンス

　図2-1のように、導線を巻いたコイルがあるとします。コイルに電流 i を流すと図に示した方向に磁束 ϕ がコイルを貫通して生じます。一般に、導線の周りには電流の方向に対して右回りに磁界が生じます。これを**アンペールの右ねじの法則**といいます。いま、このコイルに電流を流したときにコイルを貫通する磁束を ϕ とします。

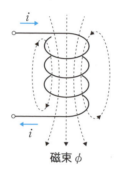

磁束 ϕ

図2-1　コイルと自己インダクタンス

　コイルに時間的に変化する電流が流れるとします。そうするとコイルの両端には、コイルに流れる電流の変化率 $\dfrac{\Delta i}{\Delta t}$ に比例した電圧（**誘導起電力**という）v が生じます。

　比例定数を L とすると

$$v = L \times \frac{\Delta i}{\Delta t} \tag{2-1}$$

となります。これを**ファラデーの電磁誘導法則**または**ファラデーの法則**といいます。比例定数 L は、コイルの**自己インダクタンス**または単に**インダクタンス**といいます。単位はヘンリー $[H]$ です。

　ここで、Δi と Δt が十分小さいとして、それぞれ di、dt とすると、式（2-1）は次のように表すことができます。

$$v = L \frac{di}{dt} \tag{2-2}$$

　コイルを流れる電流が直流の場合は、電流は時間的に変化しないので、コイル

の両端には電圧は生じません。

コイルの両端に生じる電圧の向きは**レンツの法則**に従う向きに生じます。レンツの法則とは、「電磁誘導によって生じる起電力の大きさは、コイルを鎖交する鎖交磁束の増減の割合に比例し、その向きは磁束変化を妨げる電流を生ずるような向きに発生する」ということです。

式で表すと次のようになります。

$$v = -\frac{\Delta\phi}{\Delta t} \quad (2-3)$$

たとえば、自己インダクタンス $1[H]$ のコイルに、1秒間に0から $1[A]$ まで直線的に変化する電流を流すと、コイルには $1[V]$ の電圧が磁束の変化 $\left(\frac{\Delta\phi}{\Delta t}\right)$ を妨げる向き（－）に発生します。

式で表現すると、

$$v = L\frac{di}{dt} = 1[H] \times \frac{1[A]}{1[s]} = 1[V]$$

です。電流が1秒間に0から $1[A]$ まで直線的に変化したときに生じる磁束の変化を妨げる向きに $1[V]$ の電圧がコイルに誘起するという意味です。

自己インダクタンス L は、電気回路では図2-2のように表します。

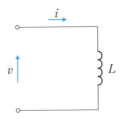

図2-2 自己インダクタンスの電気回路

[例題2-1]

図2-2に示した自己インダクタンス L のコイルに、正弦波交流電流 $i = I_m \times \sin \omega t [A]$ を流した。自己インダクタンス L に生じる誘導起電力 $v [V]$ を求めなさい。

[解答]

式（2-2）に、題意の i を代入します。

2-1 インダクタンス

$$v = L\frac{di}{dt} = L\frac{d(I_m \sin \omega t)}{dt} = \omega L \cdot I_m \cos \omega t = \omega L \cdot I_m \sin\left(\omega t + \frac{\pi}{2}\right) [V]$$

（ここで、$\cos \omega t = \sin\left(\omega t + \frac{\pi}{2}\right)$）

コイルは、抵抗に相当する $\omega L\ [\Omega]$ の値をもち、電圧に対して電流の位相を $\frac{\pi}{2}$（または90°）だけ遅らせる働きをするということです。別の言い方をすれば、電圧は電流よりも位相が $\frac{\pi}{2}$ 進んだ変化をするといえます[注]。

$$答: v = \omega L \cdot I_m \cos \omega t = \omega L \cdot I_m \sin\left(\omega t + \frac{\pi}{2}\right) [V]$$

※注：これについては、第7章の「交流回路の回路要素」のところで説明します。

2-2 キャパシタンス

2枚の導体板である平行平板電極をへだててその間に絶縁体を満たしたものを並行板コンデンサといいます（図2-3）。この電極間に電圧 $v\,[V]$ を加えると、電位の高い電極 A に $+q\,[C]$、電位の低い電極 B に $-q\,[C]$ の電荷が蓄積されます。電荷の単位はクーロン $[C]$ といいます。このことから両電極には大きさが同じで符号のことなる電荷が蓄積されることになります。このような構成のものを一般にコンデンサまたはキャパシタといいます。

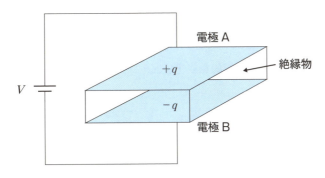

図2-3　コンデンサの構成

一方、それぞれの電極に $+q\,[C]$、$-q\,[C]$ の電荷を与えると電極間には q に比例した電圧が生じます。比例定数を C とすると次式が成り立ちます。

$$q = Cv\,[C] \tag{2-4}$$

または

$$v = \frac{q}{C}\,[V] \tag{2-5}$$

または

$$C = \frac{q}{v}\,[F] \tag{2-6}$$

比例定数 C をキャパシタンス（$capacitance$）または静電容量といいます。キャパシタンスの単位は、ファラッド $[F]$ です。ファラッドの単位は実用上大きすぎるので、接頭語を用いてマイクロ・ファラッド（$1\mu F = 10^{-6} F$）とピコ・ファラッド（$1pF = 10^{-12} F$）の単位を用います。

2-2 キャパシタンス

キャパシタンスは、電気回路では図2-4のように表します。

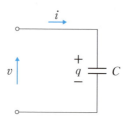

図2-4 キャパシタンスの電気回路

次に、電圧 v が時間的に変化する場合を考えます。すなわち、$\Delta t\,[s]$ の間に $\Delta v\,[V]$ だけ変化するとします。すると電荷 q もそれに比例して変化します。電荷の変化量を Δq とすると、

$$\Delta q = C \times \Delta v$$

となります。この電荷の時間的な変化分は、コンデンサに電流 i として流れ込んでくることを意味します。

すなわち、

$$i = \frac{\Delta q}{\Delta t} = C \frac{\Delta v}{\Delta t}$$

と表すことができます。

Δt、Δv が十分小さいとすると、それぞれ dt、dv として

$$i = C \frac{dv}{dt} \qquad (2-7)$$

となります。すなわち、電圧の変化 $\frac{dv}{dt}$ に比例した電流が流れることになります。コンデンサに加えられる電圧が直流で、電圧変化がない場合は、コンデンサには電流が流れないことになります。

[例題2-2]

静電容量が $1.78\,[pF]$ のコンデンサがある。このコンデンサに電圧 $100\,[V]$ を加えたとき、コンデンサに蓄えられる電荷はいくらになるか。次に、このコンデンサに正弦波交流電圧 $v = V_m \times \sin \omega t\,[V]$ を加えた。コンデンサに流れる電流 $i\,[A]$ を求めなさい。

[解答]

式（2-4）に題意の数値（$C=1.78\,[pF]=1.78\times10^{-12}\,[F]$、$v=100\,[V]$）を入力します。

$$q = Cv = 1.78\times10^{-12}\times100 = 178\times10^{-12} = 178\,[pF]$$

次に、式（2-7）に、正弦波交流電圧 $v=V_m\times\sin\omega t\,[V]$ を代入します。

$$i = C\frac{dv}{dt} = C\frac{d(V_m\times\sin\omega t)}{dt} = \omega C\cdot V_m\cos\omega t = \omega C\cdot V_m\sin\left(\omega t + \frac{\pi}{2}\right)\,[A]$$

コンデンサは、抵抗に相当する $\frac{1}{\omega C}\,[\Omega]$ の値をもち、電流に対して電圧の位相を $\frac{\pi}{2}$（または90°）だけ遅らせる働きをするといえます。別の言い方をすれば、電流は電圧よりも位相が $\frac{\pi}{2}$ 進んだ変化をするといえます※注。

答：$q=178\,[pF]$、$i=\omega C\cdot V_m\cos\omega t = \omega C\cdot V_m\sin\left(\omega t+\frac{\pi}{2}\right)\,[A]$

※注：これについては、第7章「交流回路の回路要素」のところで説明します。

2-3 オームの法則

　直流電源と抵抗を接続した直流回路を図2-5に示します。また、回路に流れる電流と抵抗の端子電圧を測定するためにそれぞれ電流計と電圧計を回路に入れます。直流電源と抵抗はそれぞれ可変して電圧と抵抗の値を調整します。

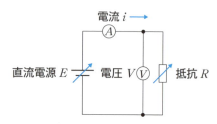

図2-5　直流電源と抵抗の直流回路

　抵抗の値を一定にして直流電源の電圧 E を大きくしていくと、電流 $I[A]$ は電圧 $V[V]$ に比例して大きくなります（図2-6 (a)）。次に、電源の電圧 E を一定にして抵抗 $R[\Omega]$ の値を大きくしていくと電流 I は抵抗 R に反比例して小さくなります（図2-6 (b)）。すなわち、電流は電圧に比例し、抵抗に反比例します。これが**オームの法則**（*Ohm's law*）です。
　式で表すと次のようになります。

$$I = \frac{V}{R} \tag{2-8}$$

または

$$V = RI \tag{2-9}$$

または

$$R = \frac{V}{I} \tag{2-10}$$

第2章 直流回路の構成要素と電気回路の基本構成

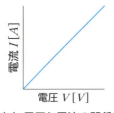
（a）電圧と電流の関係

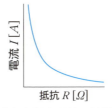
（b）抵抗と電流の関係

図2−6　オームの法則

次に、抵抗 R で消費される電力は
$$P = IV \ [W] \tag{2-11}$$
となります。式（2−8）と式（2−9）を用いて次式で表すことができます。
$$P = IV = \frac{V}{R} \times V = \frac{V^2}{R} \ [W] \tag{2-12}$$
または
$$P = IV = I \times RI = I^2 R \ [W] \tag{2-13}$$

[例題2−3]
　図2−5の直流回路で、電圧 $V[V]$ と電流 $I[A]$ の関係を求めたら図2−6（a）のグラフが得られた。グラフの直線の勾配は0.2であった。抵抗値 $R[Ω]$ を求めなさい。

[解答]
　図2−6（a）のグラフで、$V[V]$ を x、$I[A]$ を y と置き換え、直線の勾配を $α$ とすると、直線はよく知られた一次式 $y = αx$ で表せます。題意から $α = 0.2$ なので、$y = 0.2x$ となります。一次式を元の I の V とに書き直すと $I = αV$ となり、勾配 $α$ は $α = \frac{I}{V} = \frac{1}{R}$ から抵抗 R の逆数になります。したがって、抵抗 R は $R = \frac{1}{α} = \frac{1}{0.2} = 5\ [Ω]$ が得られます。

答え：5 [Ω]

2-4 抵抗の直列接続

複数の抵抗を共通の電流が流れるように接続することを**直列接続**といいます。図2-7の回路は抵抗を2個直列接続した場合です。共通に流す電流を $I[A]$ とします。各抵抗に生じる電圧を $V_1[V]$、$V_2[V]$ とすれば、オームの法則から抵抗の端子電圧は

$$V_1 = R_1 I \tag{2-14}$$

$$V_2 = R_2 I \tag{2-15}$$

となります。抵抗の端子電圧の矢印の向きは、電流の向きと逆になります。

端子 $a-b$ 間の電圧 $V[V]$ は、$V_1[V]$ と $V_2[V]$ の和に等しく次式のようになります。

$$V = V_1 + V_2 = R_1 I + R_2 I \tag{2-16}$$

次に、電流 I は式（2-16）から

$$I = \frac{V}{R_1 + R_2} \tag{2-17}$$

となります。

したがって、合成抵抗は $I = \dfrac{V}{R}$ より

$$R = R_1 + R_2 \tag{2-18}$$

となります。

次に、式（2-17）の電流 I を式（2-14）と式（2-15）に代入すると次式が得られます。

$$V_1 = R_1 I = \frac{R_1}{R_1 + R_2} V \tag{2-19}$$

$$V_2 = R_2 I = \frac{R_2}{R_1 + R_2} V \tag{2-20}$$

このような式を**電圧の分圧**といいます。

また、V_1 と V_2 の比を求めると

$$V_1 : V_2 = \frac{R_1}{R_1 + R_2} V : \frac{R_2}{R_1 + R_2} V = R_1 : R_2 \tag{2-21}$$

が得られます。この式から、各抵抗の端子電圧の比は、各抵抗値の比に等しいといえます。

第２章　直流回路の構成要素と電気回路の基本構成

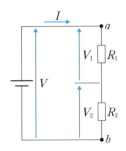

図２−７　抵抗の直列回路

[例題２−４]

図２−７の抵抗の直列回路で、$V=10\,[V]$、$R_1=400\,[\Omega]$、$R_2=600\,[\Omega]$とする。合成抵抗R、電圧V_1、V_2、電流Iを求めなさい。

[解答]

合成抵抗は、式（２−18）より

$$R = R_1 + R_2 = 400 + 600 = 1000\,[\Omega] = 1\,[k\Omega]$$

となります。

電圧V_1、V_2は、電圧の分圧の式である式（２−19）、式（２−20）より

$$V_1 = \frac{R_1}{R_1+R_2}V = \frac{400}{400+600} \times 10 = 4\,[V]$$

$$V_2 = \frac{R_2}{R_1+R_2}V = \frac{600}{400+600} \times 10 = 6\,[V]$$

となります。

最後に、電流Iは、式（２−17）より

$$I = \frac{V}{R_1+R_2} = \frac{10}{400+600} = 0.01\,[A] = 10\,[mA]$$

となります。

答：$R=1\,[k\Omega]$、$V_1=4\,[V]$、$V_2=6\,[V]$、$I=10\,[mA]$

2-5 抵抗の並列接続

複数の抵抗を共通の電圧が加わるように接続することを**並列接続**といいます。図 2-8 の回路は抵抗を 2 個並列接続した場合です。共通に加わる電圧を V [A] とします。各抵抗に流れる電流を I_1 [A]、I_2 [A] とすれば、オームの法則から

$$I_1 = \frac{V}{R_1} \tag{2-22}$$

$$I_2 = \frac{V}{R_2} \tag{2-23}$$

となります。

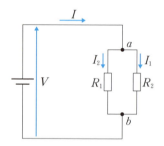

図 2-8 抵抗の並列回路

次に、合成電流 I は各抵抗に流れる電流の和になるので、

$$I = I_1 + I_2 \tag{2-24}$$

となります。この式は、a 点、b 点において、流れ込む電流が流れ出る電流に等しいことを意味しています。すなわち、**キルヒホッフの法則**[※注]の第 1 法則（電流則）が成り立ちます。

式（2-24）に、式（2-22）と式（2-23）を代入すると

$$I = I_1 + I_2 = \frac{V}{R_1} + \frac{V}{R_2} = \left(\frac{1}{R_1} + \frac{1}{R_2}\right)V \tag{2-25}$$

または

※注：これについては、第 3 章の「電気回路の基本法則」のところで説明します。

$$I = I_1 + I_2 = \frac{V}{R_1} + \frac{V}{R_2} = \left(\frac{1}{R_1} + \frac{1}{R_2}\right)V = \frac{R_1 + R_2}{R_1 R_2}V \qquad (2-26)$$

が得られます。ここで、$I = \dfrac{V}{R}$ より、並列接続の合成抵抗 R は

$$R = \frac{R_1 R_2}{R_1 + R_2} \qquad (2-27)$$

となります。

次に、式（2-26）を $V = \dfrac{R_1 R_2}{R_1 + R_2} I$ として、これを式（2-22）、式（2-23）に代入します。

$$I_1 = \frac{V}{R_1} = \frac{1}{R_1} \frac{R_1 R_2}{R_1 + R_2} I = \frac{R_2}{R_1 + R_2} I \qquad (2-28)$$

$$I_2 = \frac{V}{R_2} = \frac{1}{R_2} \frac{R_1 R_2}{R_1 + R_2} I = \frac{R_1}{R_1 + R_2} I \qquad (2-29)$$

このような式を**電流の分流**といいます。

また、I_1、I_2 の比を求めると、式（2-21）、式（2-22）から

$$I_1 : I_2 = \frac{V}{R_1} : \frac{V}{R_2} = \frac{1}{R_1} : \frac{1}{R_2} \qquad (2-30)$$

となります。並列接続の各抵抗に流れる電流は、それぞれの抵抗値の逆数の比に等しいということができます。

[例題2-5]
　図2-8の抵抗の並列回路で、$V = 10\,[V]$、$R_1 = 200\,[\Omega]$、$R_2 = 800\,[\Omega]$ とする。合成抵抗 R、合成電流 I、電流 I_1、I_2 を求めなさい。

[解答]
　合成抵抗は、式（2-27）より

$$R = \frac{R_1 R_2}{R_1 + R_2} = \frac{200 \times 800}{200 + 800} = \frac{160000}{1000} = 160\,[\Omega]$$

となります。
　合成電流 I は式（2-26）より

$$I = \frac{V}{R} = \frac{10}{160} = 0.0625\,[A]$$

となります。
　電流 I_1、I_2 は、電流の分流の式である式（2-28）、式（2-29）より

$$I_1 = \frac{R_2}{R_1+R_2} I = \frac{800}{200+800} \times 0.0625 = 0.05\ [A]$$

$$I_2 = \frac{R_1}{R_1+R_2} V = \frac{200}{200+800} \times 0.0625 = 0.0125\ [A]$$

となります。

<u>答：$R=160\ [Ω]$、$I=0.0625\ [A]$、$I_1=0.05\ [A]$、$I_2=0.0125\ [A]$</u>

[例題2－6]

図2－9の回路の交点であるP点とQ点の間に電流計Gを接続した。4つの抵抗R_A、R_B、R_C、R_Dを可変（調整）して電流計の指示をゼロにしたい。4つの抵抗間の条件を求めなさい。また、電流計の指示がゼロのときの各岐路の電流I_1、I_2の式を導きなさい。

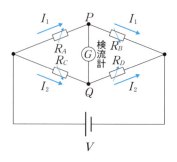

図2－9 ブリッジ回路

[解答]

図2－9のような回路を、一般にブリッジ回路（*bridge circuit*）回路と呼んでいます。P点とQ点が電流計を介して接続（橋渡し）されているので、このように呼称されています。ブリッジ回路の中には、電流計を介さないで直接接続する場合もあります。

ブリッジ回路で使用される電流計は、通常の電流計と異なるセンターゼロの直流電流計です（図2－10、写真2－1）。一般に、検流計またはガルバノメータといいます。検流計はGと表記します。電流が流れていないときは、指針は常に表示板中心の0を指してします。検流計にプラス方向の電流が流れているときは、指針は表示板右側の表示になります。これに対してマイナス方向の電流が流れているときは、指針は表示板左側の表示になります。

第2章 直流回路の構成要素と電気回路の基本構成

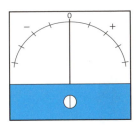

図2-10 検流計イメージ

写真2-1 検流計

　検流計 G の指針が0を指しているとします。すなわち、検流計には電流が流れていないとします。
　P 点の電位を V_P、Q 点の電位を V_Q とすると、V_P と V_Q は、電圧の分圧から次式で与えられます。

$$V_P = \frac{R_B}{R_A + R_B} V \tag{2-31}$$

$$V_Q = \frac{R_D}{R_C + R_D} V \tag{2-32}$$

検流計に電流が流れないときの条件は、

$$V_P = V_Q \tag{2-33}$$

となります。すなわち、電位 V_P と V_Q が等しければ（同電位であれば）、P 点と Q 点間には電流は流れません。
　式（2-33）に、式（2-31）と式（2-32）を代入します。

$$\frac{R_B}{R_A + R_B} V = \frac{R_D}{R_C + R_D} V$$

$$\frac{R_B}{R_A + R_B} = \frac{R_D}{R_C + R_D} \tag{2-34}$$

　式（2-34）から次式が得られます。

$$R_B R_C + R_B R_D = R_A R_D + R_B R_D$$
$$R_B R_C = R_A R_D \tag{2-35}$$

　検流計の指針が0を指すためには（電流が流れないためには）、式（2-35）の条件を満たす必要があります。これがブリッジ回路の平衡条件になります。
　図2-9の回路は、精密抵抗測定器であるホイートストンブリッジ（写真2-2）の基本回路になっています。抵抗 R_A を未知の抵抗とすると、既知の抵抗である R_B、R_C、R_D を可変して検流計の指針が0になるように調整します。

2-5 抵抗の並列接続

写真2-2 ホイートストンブリッジ

電流計の指針がちょうど0になったときの R_B、R_C、R_D の各抵抗値を読み取り、式（2-35）から未知の抵抗 R_A の抵抗値を知ることができます。

すなわち、未知の抵抗 R_A は、

$$R_A = \frac{R_C}{R_D} R_B$$

から計算して求めることができます。

図2-9の各岐路に流れる電流を I_1、I_2 とすると、キルヒホッフの法則の第2法則（電圧則）から

$$V = R_A I_1 + R_B I_1 = (R_A + R_B) I_1 \tag{2-36}$$

$$V = R_C I_2 + R_D I_2 = (R_C + R_D) I_2 \tag{2-37}$$

が得られます。

これらの式から、各電流 I_1、I_2 は、

$$I_1 = \frac{V}{R_A + R_B} \tag{2-38}$$

$$I_2 = \frac{V}{R_C + R_D} \tag{2-39}$$

となります。

答：$R_B R_C = R_A R_D$、$I_1 = \dfrac{V}{R_A + R_B}$、$I_2 = \dfrac{V}{R_C + R_D}$

第 3 章
電気回路の基本法則

　本章では、電気回路の基本法則のいくつかを説明します。これらの基本法則を理解することは非常に重要です。
　最初に、キルヒホッフの法則について説明します。この法則は、第1法則（電流則）と第2法則（電圧則）の2つがあります。次に、電気回路の閉路に流れる電流を解く手法の1つである網目電流法（閉路電流法）について、最後に直流回路網の定理の1つである重ねの理について説明します。

3-1 キルヒホッフの法則

キルヒホッフの法則（*Kirchhoff's law*）は、第1法則である電流則と第2法則である電圧則の2つの定理からなっています。

3-1-1　キルヒホッフの第1法則（電流則）

抵抗と直流電源が複雑に組み合わされた回路を直流回路網といいます。キルヒホッフの電流則とは、「直流回路網の任意の1点に流れ込む（または流れ出す）電流の総和は0である」ということです。

図3-1の直流回路網があるとします。岐路 P において流れ込む電流を I_1、I_3、流れ出す電流を I_2、I_4 とすると、電流の総和は、

$$I_1 + I_3 - I_2 - I_4 = 0 \tag{3-1}$$

となります。ここで、流れ込む電流の向きを正とし、流れ出す電流の向きを負としています。また、電流の集まる点（岐路）のことを節点といいます。

直流回路網の i 番目の節点の電流を I_i、節点の総数を n とすると、キルヒホッフの電流則は

$$\sum_{i=1}^{n} I_i = 0 \tag{3-2}$$

と表現することができます。

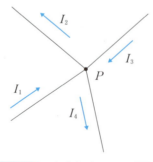

図3-1　キルヒホッフの電流則

[例題3-1]

図3-2の直流回路網の節点Pにおける電流I_1、I_2、I_3が与えられている。電流I_4の値を求めなさい。

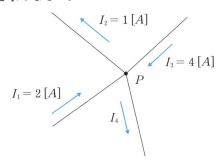

図3-2 節点Pにおける電流I_4を求める

[解答]

キルヒホッフの電流則から
$$I_1+I_3-I_2-I_4=0$$
となります。回路の電流値を代入します。
$$2+4-1-I_4=0$$
したがって、電流I_4は
$$I_4=2+4-1=5$$
となります。

答：5[A]

3-1-2　キルヒホッフの第2法則（電圧則）

キルヒホッフの電圧則とは、(A)「直流回路網中の任意の1つの閉回路にそって一方向に1周した起電力と抵抗の端子電圧の総和は0となる」ということです。または、抵抗に流れる電流の向きと抵抗の両端に誘起する端子電圧の向きは逆になるので、(B)「直流回路網中の任意の1つの閉回路にそって一方向に1周した起電力の総和と抵抗の端子電圧の総和は等しい」と表現することができます。

図3-3の閉回路があるとします。閉回路を1周する方向は、右回り（時計方向）または左回り周り（反時計方向）どちらでもかまいませんが、本書では右回りをとります。

上記(A)の表現を式で表すと、
$$E_1+E_2-E_3+R_1I_1+R_2I_2-R_3I_3+R_4I_4=0 \quad (3-3)$$

上記（B）の表現を式で表すと、

$$E_1+E_2-E_3=-R_1I_1-R_2I_2+R_3I_3-R_4I_4 \quad (3-4)$$

となります。

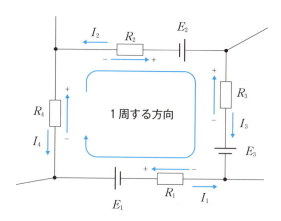

図3-3 キルヒホッフの電圧則

一般式で表すと、直流回路網の i 番目の起電力を E_i、その総数を m、j 番目の抵抗を R_j、それに流れる電流を I_j、その総数を n とすると、キルヒホッフの電圧則は

$$\sum_{i=1}^{m}E_i=\sum_{j=1}^{n}R_jI_j \quad (3-5)$$

と表現することができます。

[例題3－2]
　図3－4の直流回路網の閉回路で端子電圧の値 V を求めなさい。

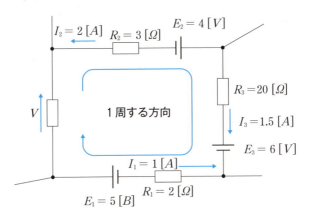

図3－4　閉回路で端子電圧 V を求める

[解答]

キルヒホッフの電圧則から

起電力の総和：
$$E_1 + E_2 - E_3 = 5 + 4 - 6 = 3 \, [V]$$

抵抗の端子電圧の総和：
$$R_1 I_1 + R_2 I_2 - R_3 I_3 + V = 2 \times 1 + 3 \times 2 - 20 \times 1.5 + V$$
$$= (-22 + V) \, [V]$$

上記の（A）「起電力の総和＋抵抗の端子電圧の総和＝0」から
$$3 + (-22 + V) = 0$$

となり、端子電圧 V は
$$V = 22 - 3 = 19 \, [V]$$

になります。

答：19 [V]

3-2 網目電流法（閉路電流法）

起電力 E_1、E_2、抵抗 R_1、R_2、R_3 からなる 2 つの閉回路の各閉路の抵抗に流れる電流 I_1、I_2、I_3 を求めます（図 3-5）。左側の閉回路に流れる閉路電流（右回り）を I_a、右側の閉回路に流れる閉路電流（左回り）を I_b とします。

各抵抗に流れる電流 I_1、I_2、I_3 は閉路電流 I_a、I_b を用いて

$$I_1 = I_a \tag{3-6}$$
$$I_2 = I_b \tag{3-7}$$
$$I_3 = I_a + I_b \tag{3-8}$$

と表すことができます。

閉路電流 I_a と I_b について、各閉路においてキルヒホッフの電圧則を適用すると、

$$E_1 = R_1 I_1 + R_3 I_3 = R_1 I_a + R_3 (I_a + I_b) = (R_1 + R_3) I_a + R_3 I_b \tag{3-9}$$
$$E_2 = R_2 I_2 + R_3 I_3 = R_2 I_b + R_3 (I_a + I_b) = R_3 I_a + (R_2 + R_3) I_b \tag{3-10}$$

となります。

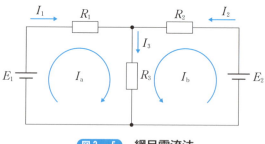

図 3-5 網目電流法

次に、消去法により、式（3-9）と式（3-10）を解いて、I_a、I_b を求める方法を説明します。

式（3-9）×(R_2+R_3) − 式（3-10）×R_3 から、I_b を消去して I_a を求めます。

$$(R_2+R_3) E_1 = (R_2+R_3)(R_1+R_3) I_a + (R_2+R_3) R_3 I_b \tag{3-11}$$
$$R_3 E_2 = R_3^2 I_a + R_3 (R_2+R_3) I_b \tag{3-12}$$

式（3-11）− 式（3-12）をとると、

$$(R_2+R_3) E_1 = (R_2+R_3)(R_1+R_3) I_a + \cancel{(R_2+R_3) R_3 I_b}$$
$$-) \quad R_3 E_2 = R_3^2 I_a + \cancel{R_3 (R_2+R_3) I_b}$$
$$\overline{(R_2+R_3) E_1 - R_3 E_2 = \{(R_2+R_3)(R_1+R_3) - R_3^2\} I_a}$$

となります。

これより、I_a は

$$I_a = \frac{(R_2+R_3)E_1 - R_3 E_2}{R_1 R_2 + R_2 R_3 + R_3 R_1}$$ (3－13)

が得られます。

同様に、式(3－9)×R_3－式(3－10)×(R_1+R_3) から、I_a を消去して I_b を求めます

$$\begin{array}{r} R_3 E_1 = \overline{R_3(R_1+R_3)}\,\overline{I_a} \pm R_3{}^2 I_b \\ -)\quad (R_1+R_3)E_2 = \overline{(R_1+R_3)R_3}\,\overline{I_a} \pm (R_1+R_3)(R_2+R_3)I_b \\ \hline R_3 E_1 - (R_1+R_3)E_2 = \{R_3{}^2 - (R_1+R_3)(R_2+R_3)\}I_a \end{array}$$

となります。

これより、I_b は

$$I_b = \frac{(R+R_3)E_2 - R_3 E_1}{R_1 R_2 + R_2 R_3 + R_3 R_1}$$ (3－14)

が得られます。

最後に、I_a と I_b が求まったので、式（3－6）、式（3－7）、式（3－8）に I_a と I_b を代入して、電流 I_1、I_2、I_3 を求めることができます。

このように、各閉回路の電流を求める手法を<u>網目電流法</u>または<u>閉路電流法</u>といいます。

［例題3－3］

起電力 E_1、E_2、抵抗 R_1、R_2、R_3 からなる2つの閉回路の各閉路の抵抗に流れる電流 I_1、I_2、I_3 をキルヒホッフの電流則と電圧則、および、網目電流法によって求めなさい。

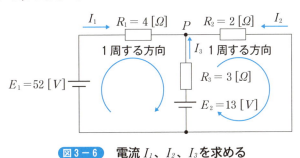

図3－6　電流 I_1、I_2、I_3 を求める

3-2 網目電流法（閉路電流法）

[解答]

〈キルヒホッフの電流則と電圧則〉

回路の節点 P にキルヒホッフの電流則を適用します。

$$I_1 + I_2 + I_3 = 0 \tag{3-15}$$

次に、左側の閉回路と右側の閉回路にキルヒホッフの電圧則を適用します。1周する方向を右回りで考えます。

$$\text{左側の閉回路}：52-13=4I_1-3I_3 \tag{3-16}$$

$$\text{右側の閉回路}：\quad 13=3I_3-2I_2 \tag{3-17}$$

式（3-15）から

$$I_3 = -(I_1 + I_2)$$

とし、これを式（3-16）と式（3-17）に代入します。

$$39 = 4I_1 + 3(I_1 + I_2) = 7I_1 - 3I_2 \tag{3-18}$$

$$13 = -3(I_1 + I_2) - 2I_2 = -3I_1 - 5I_2 \tag{3-19}$$

両式から、消去法により I_1 と I_2 を求めます。すなわち、式（3-18）×5＋式（3-19）×3 とします。

$$
\begin{array}{r}
5 \times 39 = 5 \times 7 I_1 \cancel{+ 5 \times 3 I_2} \\
+)\quad 3 \times 13 = -3 \times 3 I_1 \cancel{- 3 \times 5 I_2} \\
\hline
234 = 26 I_1
\end{array}
$$

これより、電流 I_1 は

$$I_1 = \frac{234}{26} = 9 \,[A]$$

となります。この $I_1 = 9$ を式（3-19）（または式（3-18））に代入します。

$$13 = -3 \times 9 - 5I_2 = -27 - 5I_2$$

これより、電流 I_2 は

$$I_2 = \frac{-27 - 13}{5} = -8 \,[A]$$

となります。

最後に、$I_3 = -(I_1 + I_2)$ から電流 I_3 を求めます。

$$I_3 = -(I_1 + I_2) = -(9 - 8) = -1 \,[A]$$

〈網目電流法〉

左側の閉回路に流れる閉路電流を I_a、右側の閉回路に流れる閉路電流を I_b とします（図3-7）。どちらも右回りの閉路電流とします。

第3章 電気回路の基本法則

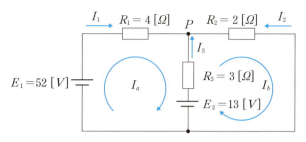

図3-7 網目電流法で電流 I_1、I_2、I_3 を求める

各抵抗に流れる電流 I_1、I_2、I_3 は閉路電流 I_a、I_b を用いて

$$I_1 = I_a \tag{3-20}$$
$$I_2 = -I_b \tag{3-21}$$
$$I_3 = I_b - I_a \tag{3-22}$$

と表すことができます。

閉路電流 I_a と I_b について、各閉路においてキルヒホッフの電圧則を適用すると、

$$52 - 13 = 4I_1 - 3I_3 = 4I_a - 3(I_b - I_a) = 7I_a - 3I_b \tag{3-23}$$
$$13 = -2I_2 + 3I_3 = 2I_b + 3(I_b - I_a) = -3I_a + 5I_b \tag{3-24}$$

となります。

両式から、消去法により I_a と I_b を求めます。すなわち、式(3-23)×5＋式(3-24)×3 とします。

$$\begin{array}{r} 5 \times 39 = 5 \times 7I_a - \cancel{5 \times 3I_b} \\ +)\quad 3 \times 13 = -3 \times 3I_a + \cancel{3 \times 5I_b} \\ \hline 234 = 26I_a \end{array}$$

これより、I_a は

$$I_a = \frac{234}{26} = 9 \,[A]$$

となります。この $I_a = 9$ を式(3-24)（または式(3-23)）に代入します。

$$13 = -3 \times 9 - 5I_b$$

これより、電流 I_b は

$$I_b = \frac{27 + 13}{5} = 8 \,[A]$$

となります。

最後に、各抵抗に流れる電流 I_1、I_2、I_3 は、式(3-20)、式(3-21)、式(3-22)から

3-2 網目電流法（閉路電流法）

$I_1 = I_a = 9\,[A]$

$I_2 = -I_b = -8\,[A]$

$I_3 = I_b - I_a = -8 - 9 = -1\,[A]$

　これらの計算結果は、キルヒホッフの電流則と電圧則で求めた値と一致します。

　なお、I_2 と I_3 の電流値の符号がマイナス（−）になるのは、図3−6と図3−7の I_2 と I_3 との矢印の方向と逆向きに電流が流れることを意味します。

<u>答：$I_1 = 9\,[V]$、$I_2 = -8\,[A]$、$I_3 = -1\,[A]$</u>

3-3 重ねの理

　重ねの理とは、「電源が多数ある回路網における各岐路の電流は、電源が1つだけあって、他の電源を0にしたときに流れる電流の代数和に等しい」というものです。この定理は、**重ねの定理**または**重ね合わせの定理**ともいいます。この定理は、電圧と電流が比例関係にある場合、すなわち、オームの法則が成り立つことが基本となっています。

　電源が2つある2電源回路について説明します。

　図3－8の（a）の元の回路を、図3－8の（b）と（c）の2つに分けて考えます。（b）は電源 E_2 を短絡した場合で、（c）は電源 E_1 を短絡した場合です。

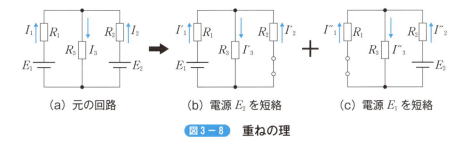

(a) 元の回路　　　(b) 電源 E_2 を短絡　　　(c) 電源 E_1 を短絡

図3－8 重ねの理

　最初に、図3－8の（b）の回路の各岐路を流れる電流 I'_1、I'_2、I'_3 を求めます。電源 E_1 に抵抗が直並列接続した回路になります。

$$I'_1 = \frac{E_1}{R_1 + \dfrac{R_2 R_3}{R_2 + R_3}} = \frac{(R_2 + R_3) E_1}{R_1 R_2 + R_1 R_3 + R_2 R_3} \tag{3-25}$$

$$I'_2 = -\frac{R_3}{R_2 + R_3} I'_1 = -\frac{R_3 E_1}{R_1 R_2 + R_1 R_3 + R_2 R_3} \tag{3-26}$$

$$I'_3 = \frac{R_2}{R_2 + R_3} I'_1 = \frac{R_2 E_1}{R_1 R_2 + R_1 R_3 + R_2 R_3} \tag{3-27}$$

　次に、図3－8の（c）の回路の各岐路を流れる電流 I''_1、I''_2、I''_3 を求めます。同様に、電源 E_2 に抵抗が直並列接続した回路になります。

$$I''_2 = \frac{E_2}{R_2 + \dfrac{R_1 R_3}{R_1 + R_3}} = \frac{(R_1 + R_3) E_2}{R_1 R_2 + R_2 R_3 + R_1 R_3} \tag{3-28}$$

3-3 重ねの理

$$I''_1 = -\frac{R_3}{R_1+R_3}I''_2 = -\frac{R_3 E_2}{R_1 R_2 + R_2 R_3 + R_1 R_3} \quad (3-29)$$

$$I''_3 = \frac{R_1}{R_1+R_3}I''_2 = \frac{R_1 E_2}{R_1 R_2 + R_2 R_3 + R_1 R_3} \quad (3-30)$$

最後に、元の回路(図3-8(a))の各岐路を流れる電流 I_1、I_2、I_3 は、同図(b) と (c) の各電流を加え合わせて求めます。

$$\begin{aligned} I_1 = I'_1 + I''_1 &= \frac{(R_2+R_3)E_1}{R_1 R_2 + R_1 R_3 + R_2 R_3} - \frac{R_3 E_2}{R_1 R_2 + R_2 R_3 + R_1 R_3} \\ &= \frac{(R_2+R_3)E_1 - R_3 E_2}{R_1 R_2 + R_1 R_3 + R_2 R_3} \end{aligned} \quad (3-31)$$

$$\begin{aligned} I_2 = I'_2 + I''_2 &= -\frac{R_3 E_1}{R_1 R_2 + R_1 R_3 + R_2 R_3} + \frac{(R_1+R_3)E_2}{R_1 R_2 + R_2 R_3 + R_1 R_3} \\ &= \frac{(R_1+R_3)E_2 - R_3 E_1}{R_1 R_2 + R_1 R_3 + R_2 R_3} \end{aligned} \quad (3-32)$$

$$\begin{aligned} I_3 = I'_3 + I''_3 &= \frac{R_2 E_1}{R_1 R_2 + R_1 R_3 + R_2 R_3} + \frac{R_1 E_2}{R_1 R_2 + R_2 R_3 + R_1 R_3} \\ &= \frac{R_2 E_1 + R_1 E_2}{R_1 R_2 + R_1 R_3 + R_2 R_3} \end{aligned} \quad (3-33)$$

[例題3-4]

図3-9の2電源回路の各岐路を流れる電流 I_1、I_2、I_3 を重ねの理を用いて求めなさい。

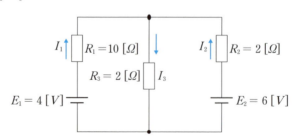

図3-9 重ねの理を用いて岐路電流 I_1、I_2、I_3 を求める

[解答]

回路図は図3-8と同じなので、式(3-31)、式(3-32)、式(3-33) から岐路電流 I_1、I_2、I_3 を求めます。

$$I_1 = \frac{(R_2+R_3)E_1 - R_3 E_2}{R_1 R_2 + R_1 R_3 + R_2 R_3} = \frac{(2+2)\times 4 - 2\times 6}{10\times 2 + 10\times 2 + 2\times 2} = 0.091\,[A]$$

$$I_2 = \frac{(R_1+R_3)E_2 - R_3 E_1}{R_1 R_2 + R_1 R_3 + R_2 R_3} = \frac{(10+2)\times 6 - 2\times 4}{10\times 2 + 10\times 2 + 2\times 2} = 1.455\,[A]$$

$$I_3 = \frac{R_2 E_1 + R_1 E_2}{R_1 R_2 + R_1 R_3 + R_2 R_3} = \frac{2\times 4 + 10\times 6}{10\times 2 + 10\times 2 + 2\times 2} = 1.545\,[A]$$

また、計算結果から

$$I_1 + I_2 = 0.091 + 1.455 = 1.546\,[A]^{※注}$$

となり、$I_1 + I_2 = I_3$ となることがわかります。

答：$I_1 = 0.091\,[A]$、$I_2 = 1.455\,[A]$、$I_3 = 1.545\,[A]$

※注：四捨五入したものを加え合わせているため正確には1.545になりません。

第4章
鳳・テブナンの定理

　本章では、直流回路網の諸定理の1つである鳳・テブナンの定理と適用例について学びます。
　最初に、基本的な電気回路を用いて鳳・テブナンの定理を説明します。次に、例題を用いて鳳・テブナンの定理の具体的な適用法、さらに最大電力の供給原理、そして最後に最大電力の供給と鳳・テブナンの定理の関係について説明します。

4-1 鳳・テブナンの定理の基本

複数の電源を含む1つの回路網があるとします。この回路網の端子 $a-b$ 間に抵抗 R を接続します（図4-1）。抵抗 R に流れる電流 I を求めます。

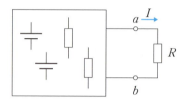

図4-1　鳳・テブナンの定理の説明（その1）

抵抗 R を取り除いて端子 $a-b$ 間を開放します。端子 $a-b$ 間に生じる開放電圧を V_0 とします（図4-2）。

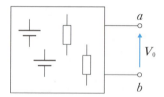

図4-2　鳳・テブナンの定理の説明（その2）

回路網の中のすべての電源の起電力を0として短絡します。端子 $a-b$ 間から回路網を見たときの抵抗を R_0 とします（図4-3）。

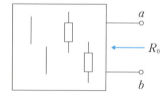

図4-3　鳳・テブナンの定理の説明（その3）

抵抗 R_0 に等しい内部抵抗を直列にもった開放電圧 V_0 に等しい起電力をもった等価電源 E_0 を考えます（図 4 - 4）。

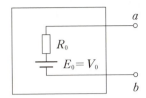

図4－4 鳳・テブナンの定理の説明（その4）

等価電源の端子 $a-b$ 間に抵抗 R を接続したときに流れる電流 I が図1の電流 I と等しくなります（図 4 - 5）。

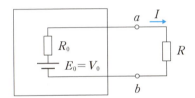

図4－5 鳳・テブナンの定理の説明（その5）

このとき、抵抗 R に流れる電流 I は、

$$I = \frac{E_0}{R_0 + R} \tag{4－1}$$

となります。

これが鳳・テブナンの定理です。

4-2 鳳・テブナンの定理の適用

鳳・テブナンの定理の具体的な適用例について説明します。図4-6に示す回路の抵抗 R_3 に流れる電流 I を鳳・テブナンの定理を使って求めてみます。

最初に、抵抗 R_3 を切り離し、端子 $a-b$ 間で鳳・テブナンの定理を適用します（図4-7）。すなわち、抵抗 R_3 を取り除いて端子 $a-b$ 間を開放します。

開放電圧 V_0 を求めます。図4-7の回路を図4-8のように書き直します。

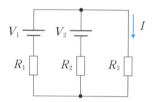

図4-6　鳳・テブナンの定理の適用（その1）

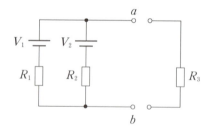

図4-7　鳳・テブナンの定理の適用（その2）

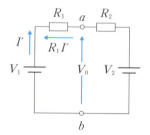

図4-8　鳳・テブナンの定理の適用（その3）

次式が得られます。

$$V_0 = V_1 - R_1 I'$$

ここで、$I' = \dfrac{V_1 - V_2}{R_1 + R_2}$です。これを上の式に代入します。

$$V_0 = V_1 - R_1 I' = V_1 - R_1 \dfrac{V_1 - V_2}{R_1 + R_2} = \dfrac{R_1 V_1 + R_2 V_1 - R_1 V_1 + R_1 V_2}{R_1 + R_2}$$

$$= \dfrac{R_2 V_1 + R_1 V_2}{R_1 + R_2} \tag{4-2}$$

次に、回路の電源V_1とV_2を0とし短絡して、端子$a-b$から見た抵抗R_0を求めます。図4-9の回路になります。

抵抗R_0は抵抗R_1とR_2の並列接続の合成抵抗に等しくなります。

$$R_0 = \dfrac{R_1 R_2}{R_1 + R_2} \tag{4-3}$$

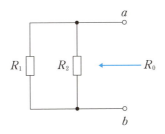

図4-9 鳳・テブナンの定理の適用（その4）

以上のことから、端子$a-b$から見た回路は、内部抵抗$R_0 = \dfrac{R_1 R_2}{R_1 + R_2}$を直列にもった開放電圧$V_0 = \dfrac{R_2 V_1 + R_1 V_2}{R_1 + R_2}$に等しい等価電源$E_0$をもった回路と考えることができます。したがって、端子$a-b$間に抵抗R_3を接続したときの電流Iは、式（4-1）から

$$I = \dfrac{E_0}{R_0 + R} = \dfrac{R_2 V_1 + R_1 V_2}{R_1 + R_2} \cdot \dfrac{1}{\dfrac{R_1 R_2}{R_1 + R_2} + R_3} = \dfrac{R_2 V_1 + R_1 V_2}{R_1 R_2 + R_1 R_3 + R_2 R_3}$$

$$\tag{4-4}$$

が得られます。

[例題 4 − 1]

図 4 −10 の直流回路においてスイッチ S を閉じたときに、抵抗 r に流れる電流を鳳・テブナンの定理を用いて求めなさい。

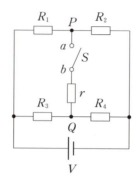

図 4 − 10 スイッチ S を含む直流回路

[解答]

スイッチ S を開いたときにスイッチの端子 $a−b$ から見た開放電圧 V_0 は、P 点と Q 点の電位差になります。

すなわち、

$$V_0 = V_P - V_Q = \frac{R_2}{R_1+R_2}V - \frac{R_4}{R_3+R_4}V = \left(\frac{R_2}{R_1+R_2} - \frac{R_4}{R_3+R_4}\right)V$$

(4 − 5)

次に、電源 V を 0 として短絡すると、端子 $a−b$ から見た回路は図 4 −11 のように書き換えることができます。

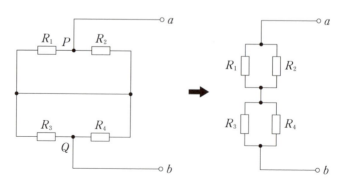

図 4 − 11 電源 V を 0 として短絡したときの端子 $a−b$ から見た回路

端子 $a-b$ から見た合成抵抗を R_0 とすると、

$$R_0 = \frac{R_1 R_2}{R_1 + R_2} + \frac{R_3 R_4}{R_3 + R_4} \qquad (4-6)$$

が得られます。

したがって、端子 $a-b$ （節点 PQ）から見た回路は、内部抵抗 $R_0 = \frac{R_1 R_2}{R_1 + R_2} + \frac{R_3 R_4}{R_3 + R_4}$ を直列にもった開放電圧 $V_0 = \left(\frac{R_2}{R_1 + R_2} - \frac{R_4}{R_3 + R_4} \right) V$ に等しい等価電源 E_0 をもった回路と考えることができます。

スイッチ S を閉じて抵抗 r を挿入したときに、抵抗 r に流れる電流は、式（4－1）から

$$I = \frac{E_0}{R_0 + R} = \frac{\left(\dfrac{R_2}{R_1 + R_2} - \dfrac{R_4}{R_3 + R_4} \right) V}{\left(\dfrac{R_1 R_2}{R_1 + R_2} + \dfrac{R_3 R_4}{R_3 + R_4} \right) + r} \qquad (4-7)$$

となります。

$$答：I = \frac{\left(\dfrac{R_2}{R_1 + R_2} - \dfrac{R_4}{R_3 + R_4} \right) V}{\left(\dfrac{R_1 R_2}{R_1 + R_2} + \dfrac{R_3 R_4}{R_3 + R_4} \right) + r}$$

4-3 最大電力の供給

最大電力の供給について説明します。**最大電力の整合**ともいいます。

図4-12の直流回路で、抵抗Rを可変して抵抗Rで消費される電力Pが最大となる条件を求めます。

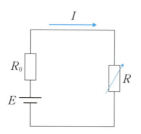

図4-12 最大電力の供給

回路に流れる電流Iは、オームの法則から

$$I = \frac{E}{R_0 + R} \qquad (4-8)$$

です。

抵抗Rで消費される電力Pは

$$P = I^2 R = \left(\frac{E}{R_0 + R}\right)^2 R = \frac{E^2 R}{(R_0 + R)^2} \qquad (4-9)$$

となります。

電力Pの最大条件を求める方法として、電力Pを抵抗Rの関数として扱い、電力Pの微分値の変化を調べる方法があります。すなわち、関数$y = f(x)$の最大値、最小値を求めるときに、微分値$\dfrac{dy}{dx}$を求めて、その微分値がちょうど0になるところが、関数yが最大または最小になるという方法です（図4-13）。

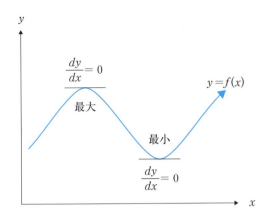

図4−13 関数 $y=f(x)$ の最大値と最小値

式（4−9）の電力 P を抵抗 R の関数として、

$$P(R) = \frac{E^2 R}{(R_0+R)^2} \tag{4−10}$$

とおきます。

ここで、関数 $y=f(x)$ が次のように商で与えられるとき、微分の公式があります。

$$y=f(x)=\frac{u(x)}{v(x)} \tag{4−11}$$

微分の式は、次式となります。

$$\frac{dy}{dx} = \frac{v(x)\dfrac{du(x)}{dx} - u(x)\dfrac{dv(x)}{dx}}{v(x)^2} \tag{4−12}$$

式（4−10）を公式にあてはめます。分子と分母を次のようにおきます。

$u(R) = E^2 R$

$v(R) = (R_0+R)^2$

それぞれの微分は次のようになります。

$$\frac{du(R)}{dR} = E^2$$

$$\frac{dv(R)}{dR} = 2R_0 + 2R = 2(R_0+R)$$

よって、式（4−12）は次のようになります。

$$\frac{dP}{dR} = \frac{(R_0+R)^2 E^2 - E^2 R \cdot 2(R_0+R)}{(R_0+R)^4} = \frac{(R_0+R)E^2 - 2E^2 R}{(R_0+R)^3}$$

$$= \frac{R_0 E^2 - R E^2}{(R_0+R)^3} = \frac{E^2(R_0-R)}{(R_0+R)^3} \qquad (4-13)$$

ここで、$\frac{dP}{dR} = 0$ となるためには、分母の値にかかわらず、分子が0のときです。E^2 は一定なので、$R_0 - R = 0$ のときです。すなわち、

$$R = R_0 \qquad (4-14)$$

のとき、電力 P は最大になります。

電力最大の条件は、鳳・テブナンの定理に適用することができます。すなわち、図4-5の回路で、抵抗 R で消費される電力が最大になる条件は、$R = R_0$ のときであるといえます。

[例題4-2]
　図4-6の直流回路で、抵抗 R_3 で消費される電力 P が最大になる R_3 の値を求めなさい。また、このときの最大電力 P_{max} を求めなさい。ただし、$V_1 = 50\,[V]$、$V_2 = 40\,[V]$、$R_1 = 10\,[\Omega]$、$R_2 = 15\,[\Omega]$ とする。

[解答]
　式（4-2）から、端子 $a-b$ の開放電圧 $E_0 = V_0$ を求めます。

$$V_0 = \frac{R_2 V_1 + R_1 V_2}{R_1 + R_2} = \frac{15 \times 50 + 10 \times 40}{10 + 15} = 46\,[V]$$

　式（4-3）から、端子 $a-b$ から見た抵抗 R_0 を求めます。

$$R_0 = \frac{R_1 R_2}{R_1 + R_2} = \frac{10 \times 15}{10 + 15} = 6\,[\Omega]$$

抵抗 R_3 で消費される電力 P が最大になるためには、式（4-14）から

$$R_3 = R_0 = 6\,[\Omega]$$

となります。このとき、抵抗 R_3 に流れる電流 I は、式（4-4）から

$$I = \frac{R_2 V_1 + R_1 V_2}{R_1 R_2 + R_1 R_3 + R_2 R_3} = \frac{15 \times 50 + 10 \times 40}{10 \times 15 + 10 \times 6 + 15 \times 6} = 3.833\,[A]$$

となり、最大電力 P_{max} は、

$$P_{max} = I^2 R_3 = 3.833^2 \times 6 = 88.15\,[W]$$

となります。

答：$R_3 = 6\,[\Omega]$、$P_{max} = 88.15\,[W]$

第 5 章
交流回路の基本
―その1―

　前章までは、直流回路の基本法則を中心に説明しました。本章以降は交流回路を取り扱います。

　本章では、正弦波交流の基本的な定義である波高値（最大値）、平均値、実効値、位相について説明し、正弦波交流のしくみを学びます。また、具体的な例として、簡単な正弦波交流の実験を通して最大値、実効値、周期を測定します。

5-1 正弦波交流の定義

正弦波交流とは、図5-1のように定義されます。同図の場合は、電流 i の変化を示したものですが、交流とは、電圧、電流の値が周期的に時々刻々変化したものとして定義されます。具体的には、電流 i または電圧 v の値を1周期にわたって平均した値が0となるものを交流として定義します。

正弦波交流は、一般家庭で使用されている商用電源や工場で使用されている動力用電源などに広く利用されています。正弦波交流のことを単に交流と呼ぶことがあります。

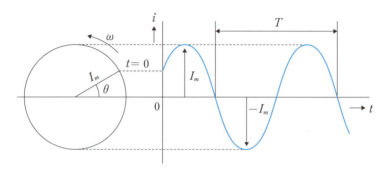

(a) 電流の最大値 I_m が水平線となす角 θ　　(b) 時刻 t に対する電流 i の瞬時値の変化

図5-1　正弦波交流の定義

図5-1を説明すると、以下のようになります。

電流の最大値 I_m に等しい長さの棒が、時刻 $t=0$ のときの水平線となす角 θ の位置から出発して、左回りに一定の角速度 ω (rad/s) で回転するとします。このとき、棒の先端から水平に下ろした垂線の長さの変化を縦軸に、時刻 t を横軸に図示したものが図5-1の (b) になります。

すなわち、同図の (b) は、電流 i の瞬時値を時間 t に対して図示したものになります。

これを数式で表すと

$$i = I_m \sin(\omega t + \theta) \, [A] \quad (5-1)$$

となります。ここで、I_m は、電流 i が最大になった瞬間の値で、最大値 $[A]$ といいます。ω は角周波数 $[rad/s]$（rad はラジアンと発音します）、回転角 θ は位

相角 [rad]（または [°]（度））といいます。特に、$t=0$ のときの回転角 θ を**初期位相**といいます。

ここで、$\theta=0$ のときの（5－1）式は

$$i = I_m \sin(\omega t) \ [A] \qquad (5-2)$$

となります。

また、位相の異なる2つの正弦波交流（式（5－3）、式（5－4））の位相の違いを位相差（ϕ）といいます。

$$i = I_m \sin(\omega t + \theta_1) \ [A] \qquad (5-3)$$
$$i = I_m \sin(\omega t + \theta_2) \ [A] \qquad (5-4)$$
$$\phi = \theta_1 - \theta_2 \ [rad] \qquad (5-5)$$

図中の T は、電流の変化が1周する時間 [s] を示し、**周期**といいます。図5－1の（a）では、I_m に等しい長さの棒が1回転する時間に相当します。

したがって、1秒間に回転を繰り返す数 f は、

$$f = \frac{1}{T} \ [Hz] \qquad (5-6)$$

となり、これを周波数といいます。[Hz] はヘルツと発音します。

また、棒の1回転は 2π [rad] であるので、角周波数 ω [rad/s]× 周期 T [s]に等しくなります。すなわち、

$$2\pi = \omega T \qquad (5-7)$$

です。これより

$$\omega = \frac{2\pi}{T} = 2\pi f \ [rad/s] \qquad (5-8)$$

が得られます。

[例題5－1]
周波数が50 [Hz] と100 [Hz] の交流について、周期はそれぞれいくらになるか。

[解答]
式（5－6）を使います。周波数が50 [Hz] の場合は、

$$T = \frac{1}{f} = \frac{1}{50} = 0.02 \ [s]$$

周波数が100 [Hz] の場合は、

$$T = \frac{1}{f} = \frac{1}{100} = 0.01 \ [s]$$

となります。

答：0.02 [s]、0.01 [s]

[例題5－2]
周期が20 [ms]と10 [μs]の交流について、周波数はそれぞれいくらになるか。

[解答]

例題5－1と同様に、式（5－6）を使います。

周期が20 [ms]の場合は、

$$f = \frac{1}{T} = \frac{1}{20 \times 10^{-3}} = 0.05 \times 10^3 [Hz] = 0.05 [kHz] = 50 [Hz]$$

周波数が10 [ms]の場合は、

$$f = \frac{1}{T} = \frac{1}{10 \times 10^{-6}} = 0.1 \times 10^6 [Hz] = 0.1 [MHz] = 100 [kHz]$$

となります。

答：0.05 [kHz]または50 [Hz]、0.1 [MHz]または100 [kHz]

[例題5－3]
周波数が50 [Hz]と100 [Hz]の交流について、角周波数はそれぞれいくらになるか。

[解答]

式（5－8）を使います。周波数が50 [Hz]の場合は、

$$\omega = 2\pi f = 2\pi \times 50 = 100\pi = 100 \times 3.14 = 314 \ [rad/s]$$

周波数が100 [Hz]の場合は、

$$\omega = 2\pi f = 2\pi \times 100 = 200\pi = 200 \times 3.14 = 628 \ [rad/s]$$

となります。

答：314 [rad/s]、628 [rad/s]

5-2 正弦波交流の波高値、平均値、実効値

　正弦波交流の波形の性質を表す波高値、平均値、実効値について説明します。
　波高値とは、一般的な交流波形の1周期中の最大の瞬時値のことをいいます。図5-1の正弦波交流の場合は正の波高値（I_m）と負の波高値（$-I_m$）は同じ大きさになります。特に、正負対象の波形の波高値を最大値といいます。
　平均値とは、瞬時値の絶対値を1周期にわたって平均した値をいいます。または、絶対平均値といいます。正弦波交流の場合は、瞬時値（電流 i または電圧 v の値）を1周期にわたって平均した値は0となります。
　正弦波交流の正の半周期 $\left(\dfrac{T}{2}\right)$ の平均値 I_{a+} を求めます。式（5-1）を $\theta=0$ とおいて 0 から $\dfrac{T}{2}$ まで積分します。そして積分したものを $\dfrac{T}{2}$ で割ります。

$$I_{a+} = \frac{1}{T/2}\int_0^{\frac{T}{2}} i\,dt = \frac{1}{T/2}\int_0^{\frac{T}{2}} I_m \sin\omega t\,dt = \frac{1}{T/2}\left[-\frac{I_m}{\omega}\cos\omega t\right]_0^{\frac{T}{2}}$$

$$= \frac{I_m}{\omega T/2}\left(-\cos\frac{\omega T}{2}+\cos 0\right) = \frac{I_m}{\pi}(-\cos\pi+1) = \frac{I_m}{\pi}(1+1)$$

$$= \frac{2}{\pi}I_m = 0.637 I_m \tag{5-9}$$

ここで、$\omega T = 2\pi$ です。同様に、負の半周期 $\left(\dfrac{T}{2}\right)$ の平均値 I_{a-} を計算すると、$I_{a-} = -0.637 I_m$ となります。したがって、1周期にわたって平均した値 I_a は

$$I_a = I_{a+} + I_{a-} = 0.637 I_m - 0.637 I_m = 0$$

となります。
　実効値は、瞬時値の2乗を1周期にわたって平均したものの平方根の値として定義されます。
　正弦波交流の電流 i について実効値 I_{RMS} を計算します。

5-2 正弦波交流の波高値、平均値、実効値

$$I_{RMS} = \sqrt{\frac{1}{T}\int_0^T i^2\,dt} = \sqrt{\frac{1}{T}\int_0^T I_m^2 \sin^2(\omega t + \theta)\,dt}$$

$$= \sqrt{\frac{I_m^2}{T}\int_0^T \frac{1}{2}\{1-\cos 2(\omega t + \theta)\}dt} = \sqrt{\frac{I_m^2}{2T}\left[t - \frac{1}{2\omega}\sin 2(\omega t + \theta)\right]_0^T}$$

$$= \sqrt{\frac{I_m^2}{2T}\left\{T - \frac{1}{2\omega}\sin 2(\omega T + \theta) - 0 + \frac{1}{2\omega}\sin 2\theta\right\}}$$

$$= \sqrt{\frac{I_m^2}{2T}\left\{T - \frac{1}{2\omega}\sin(4\pi + 2\theta) + \frac{1}{2\omega}\sin 2\theta\right\}}$$

$$= \sqrt{\frac{I_m^2}{2}} = \frac{I_m}{\sqrt{2}}$$

$$= 0.7071_m \tag{5-10}$$

(ここで、三角関数の公式:$\sin^2\theta = \dfrac{1-\cos 2\theta}{2}$、また、

$\sin(4\pi + \theta) = \sin\theta$)※注

計算結果から、実効値 I_{RMS} は最大値 I_m との間には、

$$I_{RMS} = \frac{I_m}{\sqrt{2}} \text{ または } I_m = \sqrt{2}\, I_{RMS} \tag{5-11}$$

の関係が成り立ちます。

上記で計算した、正弦波交流の瞬時値 i、最大値 I_m、平均値 I_a、実効値 I_{RMS} の関係を図示すると図5-2のようになります。

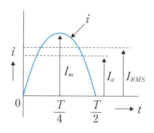

図5-2 正弦波交流の瞬時値 i、最大値 I_m、平均値 I_a、実効値 I_{RMS} の関係

※注:三角関数の公式については付録Dを参照。

[例題5－4]
　実効値が100 $[V]$ と20 $[kV]$ の正弦波交流の最大値はそれぞれいくらになるか。

[解答]
　式（5－7）を使います。実効値が100 $[V]$ の場合は、

$$I_m = \sqrt{2}\ I_{RMS} = \sqrt{2} \times 100 = 1.414 \times 100 = 141.4\ [V]$$

実効値が20 $[kV]$ の場合は、

$$I_m = \sqrt{2}\ I_{RMS} = \sqrt{2} \times 20 = 1.414 \times 20 = 28.3\ [kV]$$

となります。

答：141.4 $[V]$、28.3 $[kV]$

[例題5－5]
　平均値が10 $[V]$ になるための正弦波交流の実効値と最大値を求めなさい。

[解答]
　式（5－9）から最大値 I_m を求めます。

すなわち、$I_a = 0.637 I_m = 0.637 \times \sqrt{2}\ I_{RMS}$ から

$$I_{RMS} = \frac{I_a}{0.637\sqrt{2}} = \frac{10}{0.637\sqrt{2}} = 11.1\ [V]$$

となります。

答：11.1 $[V]$

5-3 正弦波交流電圧の測定

簡単な実験で、正弦波交流電圧の最大値と実効値、周期を測定します。

測定方法のイメージを図5-3に示します。発振器を用意し、周波数50 [Hz]、電圧5 [V] の正弦波交流電圧を発生させます。電圧はテスタで測定します。電圧波形はオシロスコープで観測します。測定例を写真5-1に示します。

テスタの液晶表示部には5.00 [V] が表示されています。テスタで表示される電圧は実効値 V_{RMS} になります。テスタに限らず測定器で測定される正弦波交流の電圧と電流は実効値が表示されます。

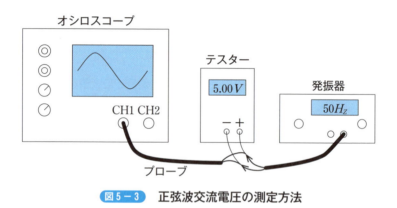

図5-3　正弦波交流電圧の測定方法

第5章 交流回路の基本 —その1—

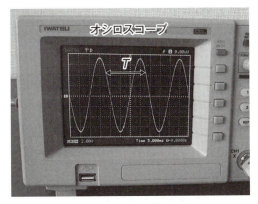

(a) 正弦波交流電圧の波形

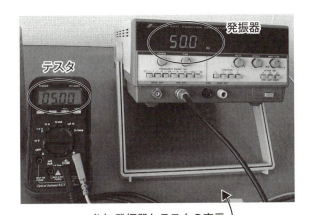

(b) 発振器とテスタの表示

(c) 測定全景

写真5-1 正弦波交流電圧を測定する

5-3 正弦波交流電圧の測定

オシロスコープの電圧波形から最大値と周期を求めます。

縦軸の目盛りは、電圧の大きさを表し、上記の測定例では $1\,cm$ あたり $2\,[V]$ にレンジ設定されています。これをオシロスコープでは $2V/DIV$ と表記します。また、横軸の目盛りは、時間を表し、上記の測定例では $1\,cm$ あたり $5\,[ms]$ （ミリセカンド、$5\times10^{-3}[s]$）にレンジ設定されています。これを $5ms/DIV$ と表記します。

オシロスコープの画面に表示された電圧波形の最大値 I_m を読み取ると、約 $3.5cm$ あるので、

$$I_m = 2V/DIV \times 3.5cm = 7\,[V]$$

になります。上記の式（5-11）から実効値 V_{RMS} を求めると、

$$V_{RMS} = \frac{I_m}{\sqrt{2}} = \frac{7}{\sqrt{2}} \approx 5\,[V]$$

が得られます。この値はテスタで測定した電圧値 $5\,[V]$ と一致します。

次に、電圧波形の1周期 T を求めます。横軸の1周期に相当する長さは $4\,cm$ なので、

$$T = 5ms/DIV \times 4\,cm = 20\,[ms]$$

となります。したがって、周波数 f は、式（5-6）から

$$f = \frac{1}{T} = \frac{1}{20ms} = \frac{1}{20\times10^{-3}} = 0.05\times10^3 = 50\,[Hz]$$

となり、発振器で設定した周波数と一致します。

［例題5-6］

正弦波交流回路の電流をアナログ方式の交流電流計で測定したら指針は $10\,[mA]$ を指示した。電流の実効値と最大値を求めなさい。

［解答］

上記のテスタによる正弦波交流電圧の測定のときと同じように、デジタル方式、アナログ方式の測定器にかかわらず、電圧計と電流計の指示はいずれも実効値です。したがって、電流の実効値 I_{RMS} は $10\,[mA]$ となります。

また、電流の最大値 I_m は、式（5-11）から

$$I_m = \sqrt{2}\,I_{RMS} = \sqrt{2}\times10 = 14.14\,[mA]$$

となります。

答：$10\,[mA]$、$14.14\,[mA]$

第 6 章
交流回路の基本
─その2─

　本章では、交流回路の基本のその2として、最初に複素数表示と極表示について説明します。例題を通してこれらの表示法を理解します。次に、交流の複素表示について説明します。極表示のことを、交流回路では特にフェーザ表示と呼んでいます。ここでは、フェーザ表示とフェーザ図について説明します。最後に、正弦波交流の指数関数表現について説明します。

6-1 複素数と極表示

　横軸を実数軸、縦軸を虚数軸にとった平面を複素平面またはガウス平面といいます。そしてこの平面上の1点を複素数といいます。複素平面を図6-1に示します。

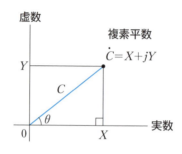

図6-1　複素平面

　複素数は次のように表します。

$$\dot{C} = X + jY \tag{6-1}$$

複素数の表記は、$\dot{C}$ のように頭に・（ドット）をつけます。X は**実数成分**または**実数部**で、Y は**虚数成分**です。j は**虚数単位**で $j=\sqrt{-1}$ を意味し、jY は**虚数部**といいます。

　また、距離 C と角度 θ は、次のように表されます。

$$C = |\dot{C}| = \sqrt{X^2 + Y^2} \tag{6-2}$$

$$\theta = tan^{-1}\frac{Y}{X} \tag{6-3}$$

ここで、C は複素数 $\dot{C}$ の大きさまたは絶対値といいます。また、θ を**偏角**といいます。交流回路では**位相角**または**インピーダンス角**といいます。X と Y は、大きさ C と偏角 θ を用いて、

$$X = C \cos\theta \tag{6-4}$$
$$Y = C \sin\theta \tag{6-5}$$

となります。図6-2のような直角三角形に置き換えて考えます。

　したがって、$\dot{C}$ は、

$$\dot{C} = X + jY = C(\cos\theta + j\sin\theta) = C\angle\theta \tag{6-6}$$

のように表すことができます。複素数のこのような表現法を**極表示**または**極座標**

表示といいます。

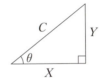

図6-2 $\dot{C}$ を直角三角形で表す

　複素数 $\dot{C}$ の虚数部の符号を反転したものを共役複素数といい、次式で表します。共役複素数を表示した複素平面を図6-3に示します。図6-1と見比べてください。虚数部が反転した表示になっています。

$$\bar{\dot{C}} = X - jY = C\angle -\theta \tag{6-7}$$

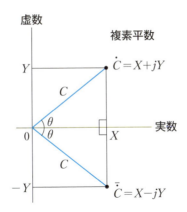

図6-3 複素平面（共役複素数を表記）

［例題6-1］

　次の複素数表示を極表示に書き換えなさい。また、$\dot{Z}$ を複素平面（方眼紙）に作図しなさい。
(1) $\dot{Z} = 2 + j3$
(2) $\dot{Z} = 5 - j10$

［解答］

　式（6-2）、（6-3）、（6-6）を使います。

(1) $\dot{Z} = 2 + j3 = \sqrt{2^2 + 3^2} \angle tan^{-1} \dfrac{3}{2} = 3.61 \angle tan^{-1} 1.5 = 3.61 \angle 56.3°$

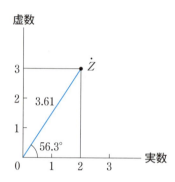

図6-4 $\dot{Z} = 2 + j3$ を複素平面に作図する

(2) $\dot{Z} = 5 - j10 = \sqrt{5^2 + 10^2} \angle -tan^{-1} \dfrac{10}{5} = 11.18 \angle -tan^{-1} 2 = 11.18 \angle -63.4°$

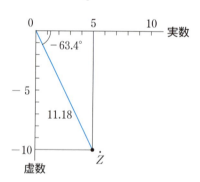

図6-5 $\dot{Z} = 5 - j10$ を複素平面に作図する

答：(1) $\dot{Z} = 3.61 \angle 56.3°$、図6-4　　(2) $\dot{Z} = 11.18 \angle -63.4°$、図6-5

[例題6-2]
　次の極表示を複素数表示に書き換えなさい。また、$\dot{Z}$ を複素平面（方眼紙）に作図しなさい。
(1) $\dot{Z} = 2 \angle 60°$
(2) $\dot{Z} = 14 \angle -35°$

[解答]

式（6 − 6）を使います。
(1) $\dot{Z} = 2\angle 60° = 2\cos 60° + j\,2\sin 60° = 1 + j\sqrt{3}$
(2) $\dot{Z} = 14\angle -35° = 14\cos 35° - j14\sin 35° = 11.47 - j8.03$

答：(1)　$\dot{Z} = 1 + j\sqrt{3}$　　(2)　$\dot{Z} = 11.47 - j8.03$

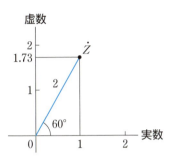

図6 − 4　$\dot{Z} = 2\angle 60°$ を複素平面に作図する

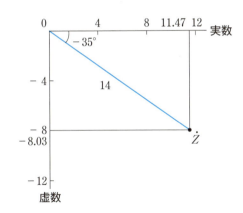

図6 − 5　$\dot{Z} = 14\angle -35°$ を複素平面に作図する

6-2 複素数表示または極表示の加減算、乗算、除算

複素数表示または極表示の加減算、乗算、除算について説明します。
2つの複素数(または極表示)を$\dot{C}_1$と$\dot{C}_2$とします。

◇ **加減算**

加減算する場合は、極表示では計算できないので、複素数表示で計算します。

・和
$$\dot{C}=\dot{C}_1+\dot{C}_2 \qquad (6-8)$$
$$=(X_1+jY_1)+(X_2+jY_2)=(X_1+X_2)+j(Y_1+Y_2)\equiv X+jY$$

・差
$$\dot{C}=\dot{C}_1-\dot{C}_2 \qquad (6-9)$$
$$=(X_1+jY_1)-(X_2+jY_2)=(X_1-X_2)+j(Y_1-Y_2)\equiv X+jY$$

◇ **乗算**

・複素数表示
$$\dot{C}=\dot{C}_1\dot{C}_2 \qquad (6-10)$$
$$=(X_1+jY_1)(X_2+jY_2)=(X_1X_2-Y_1Y_2)+j(X_2Y_1+X_1Y_2)\equiv X+jY$$

・極表示
$$\dot{C}=\dot{C}_1\dot{C}_2 \qquad (6-11)$$
$$=C_1\angle\theta_1\times C_2\angle\theta_2=C_1C_2\angle(\theta_1+\theta_2)\equiv C\angle\theta$$

◇ **除算**

・複素数表示
$$\dot{C}=\frac{\dot{C}_1}{\dot{C}_2}=\frac{X_1+jY_1}{X_2+jY_2}=\frac{(X_1+jY_1)(X_2-jY_2)}{(X_2+jY_2)(X_2-jY_2)}$$
$$=\frac{(X_1X_2+Y_1Y_2)+j(X_2Y_1-X_1Y_2)}{X_2^2+Y_2^2}$$
$$=\frac{X_1X_2+Y_1Y_2}{X_2^2+Y_2^2}+j\frac{X_2Y_1-X_1Y_2}{X_2^2+Y_2^2}\equiv X+jY \qquad (6-12)$$

・極表示
$$\dot{C}=\frac{\dot{C}_1}{\dot{C}_2}=\frac{C_1\angle\theta_1}{C_2\angle\theta_2}=\frac{C_1}{C_2}\angle(\theta_1-\theta_2)\equiv C\angle\theta \qquad (6-13)$$

[例題6－3]
複素数 $\dot{C}_1 = 3 + j5$ と $\dot{C}_2 = 2 - j3$ の和 $\dot{C}_3$ と差 $\dot{C}_4$ を求めなさい。

[解答]

・和
$$\dot{C}_3 = \dot{C}_1 + \dot{C}_2 = (3 + j5) + (2 - j3) = 5 + j2$$

・差
$$\dot{C}_4 = \dot{C}_1 - \dot{C}_2 = (3 + j5) - (2 - j3) = 1 + j8$$

答：$\dot{C}_3 = 5 + j2$、$\dot{C}_4 = 1 + j8$

[例題6－4]
極表示 $\dot{C}_1 = 50\angle 60°$ と $\dot{C}_1 = 50\angle -60°$ の和 $\dot{C}_3$ と差 $\dot{C}_4$ を求めなさい。

[解答]

極表示のままでは加減算はできないので、複素数表示に直してから計算します。

$$\dot{C}_1 = 50\angle 60° = 50\cos 60° + j50\sin 60° = 25 + j43.3$$
$$\dot{C}_2 = 50\angle -60° = 50\cos(-60°) + j50\sin(-60°) = 25 - j43.3$$

・和
$$\dot{C}_3 = \dot{C}_1 + \dot{C}_2 = (25 + j43.3) + (25 - j43.3) = 50 + j0 = 50\angle 0°$$

・差
$$\dot{C}_4 = \dot{C}_1 - \dot{C}_2 = (25 + j43.3) - (25 - j43.3) = 0 + j86.6 = 86.6\angle 90°$$

なお、虚数単位 j について、以下のような関係式があります。覚えておくと便利です。上の計算はこれらを使っています。

$$j = 0 + j1 = 1\angle 90°、\quad j^2 = -1 + j0 = 1\angle \pm 180°、\quad \frac{1}{j} = -j = 0 - j1 = 1\angle -90°$$

答：$\dot{C}_3 = 50\angle 0°$、$\dot{C}_4 = 86.6\angle 90°$

[例題6－5]
複素数 $\dot{C}_1 = 3 + j5$ と $\dot{C}_1 = 2 - j3$ の積 $\dot{C}_3$ と商 $\dot{C}_4$ を求めなさい。

[解答]

・積
$$\dot{C}_3 = \dot{C}_1 \dot{C}_2 = (3 + j5)(2 - j3)$$
$$= (3 \times 2 + 5 \times 3) + j(5 \times 2 - 3 \times 3) = 21 + j1$$

・商

$$\dot{C}_4 = \frac{\dot{C}_1}{\dot{C}_2} = \frac{3+j5}{2-j3} = \frac{(3+j5)(2+j3)}{(2-j3)(2+j3)} = \frac{(6-15)+j(10+9)}{4+9}$$

$$= \frac{-9+j19}{13} = -0.69+j1.46$$

答：$\dot{C}_3 = 21+j1$、$\dot{C}_4 = -0.69+j1.46$

[例題6－6]
複素数 $\dot{C}_1 = 3+j5$ と $\dot{C}_1 = 2-j3$ が与えられている。$\dfrac{\dot{C}_1 \dot{C}_2}{\dot{C}_1 + \dot{C}_2}$ を複素表示と極表示で求めなさい。

[解答]

・複素数表示

$$\frac{\dot{C}_1 \dot{C}_2}{\dot{C}_1 + \dot{C}_2} = \frac{(3+j5)(2-j3)}{(3+j5)+(2-j3)} = \frac{(3\times2+5\times3)+j(5\times2-3\times3)}{(3+2)+j(5-3)} = \frac{21+j1}{5+j2}$$

$$= \frac{(21+j1)(5-j2)}{(5+j2)(5-j2)} = \frac{(21\times5+1\times2)+j(5-21\times2)}{5\times5+2\times2} = \frac{107-j37}{29}$$

$$= \frac{107}{29} - j\frac{37}{29} = 3.69 - j1.28$$

・極表示

$$= \sqrt{3.69^2 + 1.28^2} \angle -tan^{-1}\frac{1.28}{3.69} = 3.91\angle -19.13°$$

答：複素数表示 $3.69-j1.28$　　極表示 $53.91\angle -19.13°$

[例題6－7]
極表示 $\dot{C}_1 = 5\angle 52.1°$ と $\dot{C}_1 = 10\angle -35.4°$ の積 $\dot{C}_3$ と商 $\dot{C}_4$ を求めなさい。

[解答]

・積
$$\dot{C}_3 = \dot{C}_1 \dot{C}_2 = 5\times 10\angle(52.1° - 35.4°) = 50\angle 16.7°$$

・商
$$\dot{C}_4 = \frac{\dot{C}_1}{\dot{C}_2} = \frac{5\angle 52.1°}{10\angle -35.4°} = \frac{5}{10}\angle(52.1° + 35.4°) = 0.5\angle 87.5°$$

答：$\dot{C}_3 = 50\angle 16.7°$、$\dot{C}_4 = 0.5\angle 87.5°$

[例題6－9]

複素数 $\dot{C}_1 = 3 + j4$ と $\dot{C}_2 = 1 + j3$ の和 $\dot{C}_3$ を複素平面（方眼紙）に作図しなさい。

[解答]

方眼紙の横軸（実数）$4\,cm$、縦軸（虚数）$7\,cm$ をとります。複数 $\dot{C}_1$ と $\dot{C}_2$ の実数成分と虚数成分をグラフ上で加え合わせます。

すなわち、
$$\dot{C}_3 = \dot{C}_1 + \dot{C}_2 = (3 + j4) + (1 + j3) = (3+1) + j(4+3) = 4 + j7$$
です。よって図6－8のように作図することができます。

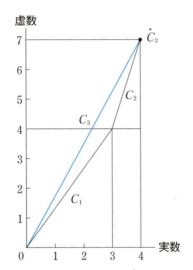

図6－8 複素平面で和 $\dot{C}_3$ を作図する

答：図6－8

[例題6－10]

複素数 $\dot{C}_1 = 3 + j4$ と $\dot{C}_2 = 1 - j3$ の和 $\dot{C}_3$ を複素平面（方眼紙）に作図しなさい。

[解答]

方眼紙の横軸（実数）$4\,cm$、縦軸（虚数）$4\,cm$ をとります。複数 $\dot{C}_1$ と $\dot{C}_2$ の実数成分と虚数成分をグラフ上で加え合わせます。

6-2 複素数表示または極表示の加減算、乗算、除算

すなわち、
$$\dot{C}_3 = \dot{C}_1 + \dot{C}_2 = (3+j4)+(1-j3) = (3+1)+j(4-3) = 4+j1$$
です。よって図6-9のように作図することができます。

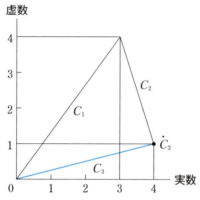

図6-9 複素平面で和 $\dot{C}_3$ を作図する

答：図6-9

6-3 正弦波交流のフェーザ表示と複素数表示

正弦波交流のフェーザ表示と複素数表示、そしてこれらの関係について説明します。

6-3-1 正弦波交流のフェーザ表示

正弦波交流の電圧と電流の瞬時値 v と i を次のように与えます。

$$v = V_m \sin(\omega t + \theta_v) \ [V] \quad (6-14)$$
$$i = I_m \sin(\omega t + \theta_i) \ [A] \quad (6-15)$$

ここで、v と i の最大値を V_m、I_m、角周波数を ω、位相を θ_v、θ_i とします。
この表示形式は、交流回路では次のように表します。この表示法を**フェーザ**(*phasor*) **表示**といいます。

$$\dot{V} = V_{RMS} \angle \theta_v \ [V] \quad (6-16)$$
$$\dot{I} = I_{RMS} \angle \theta_i \ [A] \quad (6-17)$$

$$\left(V_{RMS} = \frac{V_m}{\sqrt{2}}, \ I_{RMS} = \frac{I_m}{\sqrt{2}} \right)$$

$\dot{V}$ と $\dot{I}$ は大きさ V_{RMS}（または I_{RMS}）と偏角 θ_v（または θ_i）をもったベクトルと考えることができます。大きさ（実効値）と位相の両方を含んでいます。偏角 θ は、交流回路では**位相角**または**インピーダンス角**といいます。単位は [°]（度）で表示します。

フェーザ表示は、実効値の大きさを矢印の長さとし、位相を角度で表した図形で表現することができます。これをフェーザ図といいます。

式（6-16）と式（6-17）に対応したフェーザ図を図6-10に示します。

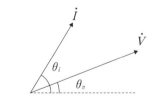

図6-10 正弦波交流のフェーザ図

6-3-2 正弦波交流の複素数表示

電圧や電流をフェーザ表示することにより、三角関数を含む複雑な計算を避け

6−3 正弦波交流のフェーザ表示と複素数表示

ることができます。しかし、フェーザ表示は加減算を行うことができません。そこでフェーザ表示と対応して複素数表示を使います。

電圧 v のフェーザ表示は、式（6−16）から

$$\dot{V} = V_{RMS} \angle \theta_v \ [V]$$

となります。フェーザ図は図6−11のように表すことができるので、位相角 $0°$ の成分 $V_r \angle 0°$ と位相角 $90°$ の成分 $V_i \angle 90°$ のベクトル和として、

$$\dot{V} = V_r \angle 0° + V_i \angle 90° = V_r + jV_i$$

$$= \sqrt{(V_r^2 + V_i^2)} \angle \theta_v = \sqrt{(V_r^2 + V_i^2)} \angle tan^{-1} \frac{V_i}{V_r} \ [V] \qquad (6-18)$$

（ここで $V_r = \sqrt{(V_r^2 + V_i^2)} \cos \theta_v$、$V_i = \sqrt{(V_r^2 + V_i^2)} \sin \theta_v$）

のように表現することができます。

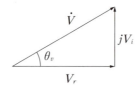

図6−11 フェーザ図を複素数で表現する

［例題6−8］

次の電圧の瞬時値 v をフェーザ表示で表しなさい。

$$v = 141.42 \ sin \left(\omega t + \frac{\pi}{6} \right) \ [V]$$

［解答］

式（6−14）と式（6−16）から

$$v = 141.42 \ sin \left(\omega t + \frac{\pi}{6} \right) \ \Rightarrow \ \dot{V} = 100 \angle \frac{\pi}{6} \ (\text{または} \ \dot{V} = 100 \angle 30° \ [V])$$

となります。

$$\text{答}：\dot{V} = 100 \angle \frac{\pi}{6} \ [V]$$

[例題6−9]

電圧 $\dot{V}$ と電流 $\dot{I}$ が次のように与えられている。インピーダンス $\dot{R} = \dfrac{\dot{V}}{\dot{I}}$ のフェーザ表示を求めなさい。

(1) $\dot{V} = 4 + j8\ [V]$、$\dot{I} = 2 + j2\ [A]$
(2) $\dot{V} = -10 + j4\ [V]$、$\dot{I} = -2 + j2\ [A]$

[解答]

(1) $\dot{R} = \dfrac{\dot{V}}{\dot{I}} = \dfrac{4+j8}{2+j2} = \dfrac{(4+j8)(2-j2)}{(2+j2)(2-j2)} = \dfrac{(8+16)+j(16-8)}{4+4} = 3+j1$

$= \sqrt{3^2+1^2} \angle tan^{-1}\dfrac{1}{3} = 3.16 \angle 18.4°\ [\Omega]$

(2) $\dot{R} = \dfrac{\dot{V}}{\dot{I}} = \dfrac{-10+j4}{-2+j2} = \dfrac{(-10+j4)(-2-j2)}{(-2+j2)(-2-j2)} = \dfrac{(20+8)+j(-8+20)}{4+4}$

$= 3.5 + j1.5 = \sqrt{3.5^2+1.5^2} \angle tan^{-1}\dfrac{1.5}{3.5} = 3.81 \angle 23.2°\ [\Omega]$

答：(1) $\dot{R} = 3.16 \angle 18.4°\ [\Omega]$　　(2) $\dot{R} = 3.81 \angle 23.2°\ [\Omega]$

[例題6−10]

次に示す正弦波交流のフェーザ表示と複素数表示を求めなさい。また、フェーザ図を画きなさい。

$v = 100\ sin\left(200\pi t + \dfrac{\pi}{3}\right)\ [V]$

[解答]

まず、題意の式と式（6−14）を対応させます。

$v = V_m\ sin\ (\omega t + \theta_v) = 100\ sin\left(200\pi t + \dfrac{\pi}{3}\right)\ [V]$

これから、

$V_m = 100\ [V]$、$\theta_v = \dfrac{\pi}{3} = 60\ [°]$

となります。したがって、

$V_{RMS} = \dfrac{V_m}{\sqrt{2}} = \dfrac{100}{\sqrt{2}} = 70.7\ [V]$

となり、フェーザ表示は、

$\dot{V} = 70.7 \angle 60°\ [V]$

となります。複素数表示は、

$$V_r = 70.7 \cos 60° = 35.4、V_i = 70.7 \sin 60° = 61.2$$

から

$$\dot{V} = 35.4 + j61.2 \ [V]$$

となります。フェーザ図は、図6－12のようになります。

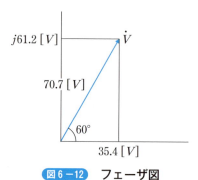

図6－12　フェーザ図

答：$\dot{V} = 70.7 \angle 60° \ [V]$、$\dot{V} = 35.4 + j61.2 \ [V]$、図6－10

6-4 正弦波交流の指数関数表現

正弦波交流の電圧の瞬時値 v を

$$v = V_m \sin(\omega t + \theta) \tag{6-19}$$

$$(V_m = \sqrt{2}\, V_{RMS})$$

とすると、正弦波交流は、複素数の<u>指数関数表示</u>で表すことができます。

$$\dot{V} = V_m e^{j(\omega t + \theta)} \tag{6-20}$$

この表現は、第5章の図5-1の棒の動きと同じように、長さ V_m の棒を、初期位相 θ、角周波数 ω で回転させた動きを表しています。

式（6-20）は、数学のオイラーの等式※注を適用すると、

$$\dot{V} = V_m \{\cos(\omega t + \theta) + j\sin(\omega t + \theta)\} \tag{6-21}$$

と表すことができます。

次に、上記の指数関数表示で、時間変化を表す $e^{j\omega t}$ を省いた静止状態で指数関数表示をすると、

$$\dot{V} = V_{RPM} e^{j\theta} \tag{6-22}$$

$$\dot{I} = I_{RPM} e^{j\theta} \tag{6-23}$$

と表すことができます。このような表現を<u>静止ベクトル</u>といいます。

静止ベクトルとフェーザ表示を対応させると、

$$\dot{V} = V_{RPM} e^{j\theta} \;\rightarrow\; \dot{V} = V_{RPM} \angle \theta \tag{6-24}$$

$$\dot{I} = I_{RPM} e^{j\theta} \;\rightarrow\; \dot{I} = I_{RPM} \angle \theta \tag{6-25}$$

となります。

[例題6-11]

次の電圧の瞬時値 v を指数関数表現で表しなさい。また、実効値 V_{RPM} と最大値 V_m を求めなさい。

$$v = 141.42 \sin\left(\omega t + \frac{\pi}{6}\right)\,[V]$$

[解答]

電圧の瞬時値の式（6-19）から

※注：オイラーの等式については付録Dを参照。

6-4 正弦波交流の指数関数表現

$$V_m = 141.42 \ [V]、\ V_{RMS} = \frac{141.42}{\sqrt{2}} = 100 \ [V]、\ \theta = \frac{\pi}{6} \ [rad]$$

となります。

したがって、指数関数表現は

$$\dot{V} = V_m e^{j(\omega t + \theta)} = 141.42 e^{j\left(\omega t + \frac{\pi}{6}\right)}$$

となります。

また、式（6-22）から静止ベクトルは

$$\dot{V} = V_{RPM} e^{j\theta} = 100 e^{j\frac{\pi}{6}}$$

となります。

答：$\dot{V} = 141.42 e^{j\left(\omega t + \frac{\pi}{6}\right)}$、$\dot{V} = 100 e^{j\frac{\pi}{6}}$

[例題 6-12]

次の電圧の指数関数表現を瞬時値 v で表しなさい。また、実効値 V_{RPM} と最大値 V_m を求めなさい。

$$\dot{V} = 100 e^{j\frac{\pi}{3}} \ [V]$$

[解答]

電圧 v の最大値 V_m と位相 θ は、

$$V_m = \sqrt{2} \times V_{RMS} = \sqrt{2} \times 100 = 141.42 \ [V]、\ \theta = \frac{\pi}{3} [rad] \ （または 60 \ [°]）$$

となります。ここで、実効値は $V_{RPM} = 100 \ [V]$ です。

したがって、電圧 v の瞬時値は、

$$v = 141.42 \ sin\left(\omega t + \frac{\pi}{3}\right) [V]$$

または、

$$v = 141.42 \ sin\left(\omega t + 60°\right) [V]$$

となります。

答：$v = 141.42 \ sin\left(\omega t + \frac{\pi}{3}\right) [V]$、$V_{RPM} = 100 \ [V]$、$V_m = 141.42 \ [V]$

第7章
交流回路の回路要素

　本章では、交流回路の回路要素として、抵抗、インダクタス、キャパシタンスについて基本的な性質について説明します。各回路素子の電圧と電流の関係、フェーザ表示と複素数表示について理解し、フェーザ図を画きます。また、これらを通して、抵抗、インダクタス、キャパシタンスの各回路要素における電圧と電流の位相関係について説明します。

7-1 抵 抗

正弦波交流の回路要素としての抵抗を図7-1に示します。正弦波交流電圧 v と電流 i、抵抗 R の関係は、オームの法則

$$v = Ri$$

から、正弦波交流電流 i を

$$i = I_m \sin(\omega t + \theta_i) \tag{7-1}$$

として、

$$v = Ri = RI_m \sin(\omega t + \theta_i) = V_m \sin(\omega t + \theta_v) \tag{7-2}$$

が得られます。

正弦波交流電圧 v は、このように表すことができます。

ここで、大きさ（瞬時値）と位相は

$$V_m = RI_m \tag{7-3}$$
$$\theta_v = \theta_i \tag{7-4}$$

となります。

電圧 v と電流 i の大きさ（瞬時値）は図7-2のように変化します。すなわち、電圧 v と電流 i は同じ位相で変化します。位相が同じであることを同位相といいます。

図7-1 抵抗 R を正弦波交流 v と i で表現

第7章 交流回路の回路要素

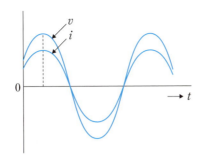

図7-2 正弦波交流電圧 v と正弦波交流電流 i の瞬時値の変化（抵抗の場合）

次に、フェーザ表示で、電圧 $\dot{V}$ と電流 $\dot{I}$ の関係を求めます。

式（7-1）をフェーザ表示で表すと、

$$\dot{I} = I \angle \theta_i \qquad (7-5)$$

となります※注。

ここで、I は実効値

$$I = \frac{I_m}{\sqrt{2}} \qquad (7-6)$$

です。

正弦波交流電圧 v をフェーザ表示で表すと

$$\dot{V} = R\dot{I} = RI \angle \theta_i \equiv V \angle \theta_v \qquad (7-7)$$

となります。この式が正弦波交流における抵抗 R の基本関係式になります。

図7-1の正弦波交流電圧 v と電流 i をフェーザ表現 $\dot{V}$ と $\dot{I}$ で書き直すと図7-3のようになります。また、$\dot{V}$ と $\dot{I}$ の関係をフェーザ図で表すと図7-4のようになります。フェーザ図が示すように、抵抗の場合は、電圧と電流は同位相となります。

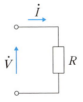

図7-3 抵抗 R をフェーザ表示 $\dot{V}$ と $\dot{I}$ で表現

※注：第6章の「6-3 正弦波交流のフェーザ表示と複素数表示」を参照。

7-1 抵 抗

図7-4 抵抗 R の $\dot{V}$ と $\dot{I}$ の関係

[例題7-1]

抵抗 $R=5\,[\Omega]$ に、周波数 $f=50\,[Hz]$ の電流 $\dot{I}=10\angle30°\,[A]$ が流れているとする。このとき抵抗 R の端子電圧 $\dot{V}$ のフェーザ表示と複素数表示を求めなさい。また、$\dot{V}$ と $\dot{I}$ のフェーザ図を画きなさい。

[解答]

式（7-7）を使います。
$$\dot{V}=R\dot{I}=5\times10\angle30°=50\angle30°\,[V]$$
極表示と複素数の関係式 $\dot{C}=C\angle\theta=C\cos\theta+jC\sin\theta\equiv X+jY$ ※注 から複素数表示は、
$$\dot{V}=50\angle30°=50\cos30°+j50\sin30°=43.3+j25\,[V]$$
が得られます。

$\dot{V}$ と $\dot{I}$ のフェーザ図は、図7-5のようになります。

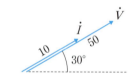

図7-5 $\dot{V}$ と $\dot{I}$ のフェーザ図

なお、抵抗の場合は、複数数表示でもフェーザ表示と同じように、式（7-7）を使用することができます。

答：$\dot{V}=50\angle30°\,[V]$、$\dot{V}=43.3+j25\,[V]$、図7-5

※注：第6章の式（6-6）を参照。

[例題7-2]
　抵抗 $R = 25\,[\Omega]$ に、電流 $\dot{I} = 2 + j0\,[A]$ が流れている。抵抗 R の端子電圧 $\dot{V}$ のフェーザ表示を求めなさい。また、$\dot{V}$ と $\dot{I}$ のフェーザ図を画きなさい。

[解答]
　抵抗の場合は、複素数表示でも式 (7-7) をそのまま使用することができるので、端子電圧 $\dot{V}$ のフェーザ表示は次のようにして求めることができます。

$$\dot{V} = R\dot{I} = 25 \times (2 + j0) = 50 + j0$$
$$= \sqrt{50^2 + 0^2} \angle tan^{-1}\frac{0}{50} = 50 \angle 0°\,[V]$$

$\dot{V}$ と $\dot{I}$ のフェーザ図は、図7-6のようになります。

図7-6　$\dot{V}$ と $\dot{I}$ のフェーザ図

答：$\dot{V} = 50 \angle 0°\,[V]$、図7-6

7-2 インダクタンス

正弦波交流の回路要素としてのインダクタンスを図7-7に示します。正弦波交流電圧 v と電流 i、**インダクタンス** L の関係は、次の式[注1]に

$$v = L\frac{di}{dt}$$

式（7-1）を代入して得られます。

$$v = L\frac{di}{dt} = L\frac{d}{dt}I_m \sin(\omega t + \theta_i) = \omega L I_m \cos(\omega t + \theta_i)$$

$$= \omega L I_m \sin\left(\omega t + \theta_i + \frac{\pi}{2}\right) = V_m \sin(\omega t + \theta_v) \quad (7-8)$$

$$\left(\text{三角関数の公式：} \cos\theta = \sin\left(\theta + \frac{\pi}{2}\right)\right)^{\text{※注2}}$$

ここで、

$$V_m = \omega L I_m \quad (7-9)$$

$$\theta_v = \theta_i + \frac{\pi}{2} = \theta_i + 90° \quad (7-10)$$

です。

電圧 v と電流 i の大きさ（瞬時値）は図7-8のように変化します。電圧 v は電流 i よりも位相が90°進んだ変化をします。すなわち、電流 i が最も急増するときに電圧 v は正の方向に最大値となり、i が最大値に達して変化しなくなった瞬間に v は0となります。次に、i が急減するときに v は負の方向に最大値となり、i が負の最大値に達して変化しなくなった瞬間に v は0となります。これを繰り返します。

図7-7 インダクタンス L を正弦波交流 v と i で表現

※注1：第2章の式（2-2）参照。
※注2：付録Dを参照。

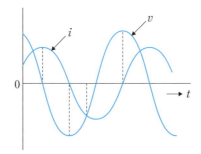

図7−8 正弦波交流電圧 v と正弦波交流電流 i の瞬時値の変化
（インダクタンスの場合）

次に、フェーザ表示で、電圧 $\dot{V}$ と電流 $\dot{I}$ の関係を求めます。
式（7−8）をフェーザ表示で表すと、

$$\dot{V} = \omega L I \angle \left(\theta_i + \frac{\pi}{2}\right) = \omega L I \angle (\theta_i + 90°) \equiv V \angle \theta_v \quad (7-11)$$

となります。
さらに、書き直して

$$\dot{V} = \omega L I \angle (\theta_i + 90°) = \omega L \angle 90° \times I \angle \theta_i = \omega L \angle 90° \times \dot{I} \quad (7-12)$$

が得られます。フェーザ表示で表した電圧 $\dot{V}$ と電流 $\dot{I}$ の関係です。
図7−7の正弦波交流電圧 v と電流 i をフェーザ表現 $\dot{V}$ と $\dot{I}$ で書き直すと図7−9のようになります。また、$\dot{V}$ と $\dot{I}$ の関係をフェーザ図で表すと図7−10のようになります。

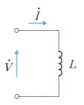

図7−9 インダクタンス L をフェーザ表示 $\dot{V}$ と $\dot{I}$ で表現

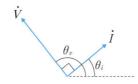

図7−10 インダクタンス L の $\dot{V}$ と $\dot{I}$ の関係

7-2 インダクタス

式（7-12）を複素数で表現する場合は、$1\angle 90° = j$※注 を用いて

$$\dot{V} = \omega L \angle 90° \times \dot{I} = j\omega L \dot{I} \quad (7-13)$$

または

$$\dot{I} = \frac{\dot{V}}{j\omega L} = -j\frac{1}{\omega L}\dot{V} \quad (7-14)$$

となります。

式（7-13）または式（7-14）が、インダクタンス L の基本関係式になります。

[例題7-3]
$L=0.2$ [H] のインダクタンスに、周波数 $f=60$ [Hz] の電流 $\dot{I}=5\angle -30°$ [A] が流れているとする。このときインダクタンス L の端子電圧 $\dot{V}$ のフェーザ表示と複素数表示を求めなさい。また、$\dot{V}$ と $\dot{I}$ のフェーザ図を画きなさい。

[解答]
式（7-13）を使います。

$$\dot{V} = j\omega L\dot{I} = j2\pi \times 60 \times 0.2 \times 5 \angle -30° = 377 \angle (90-30)° = 377 \angle 60°$$

複素数表示は、

$$\dot{V} = 377\angle 60° = 377\cos 60° + j377\sin 60° = 188.5 + j326.5 \text{ [V]}$$

が得られます。

$\dot{V}$ と $\dot{I}$ のフェーザ図は、図7-11のようになります。

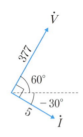

図7-11 $\dot{V}$ と $\dot{I}$ のフェーザ図

答：$\dot{V} = 377\angle 60°$ [V]、$\dot{V} = 188.5 + j326.5$ [V]、図7-11

※注：第6章の例題6-4を参照。

7-3 キャパシタンス

正弦波交流の回路要素としてのキャパシタンスを図7-12に示します。正弦波交流電圧 v と電流 i、**キャパシタンス** C の関係は、次の式[※注]に、

$$i = C\frac{dv}{dt}$$

上の式（7-8）を代入して得られます。

$$i = C\frac{dv}{dt} = C\frac{d}{dt}V_m \sin(\omega t + \theta_v) = \omega C V_m \cos(\omega t + \theta_v)$$

$$= \omega C V_m \sin\left(\omega t + \theta_v + \frac{\pi}{2}\right) = I_m \sin(\omega t + \theta_i) \qquad (7-15)$$

ここで、

$$I_m = \omega C V_m \qquad (7-16)$$

または、

$$V_m = \frac{I_m}{\omega C} \qquad (7-17)$$

$$\theta_i = \theta_v + \frac{\pi}{2} = \theta_v + 90° \qquad (7-18)$$

または

$$\theta_v = \theta_i - 90° \qquad (7-19)$$

です。

電圧 v と電流 i の大きさ（瞬時値）は図7-13のように変化します。電流 i は電圧 v よりも位相が90°進んだ変化をします。すなわち、電圧 v が急増するときにコンデンサに蓄積される電荷の増大の速さが大きくなるので、電流 i は正の方向に最大値となり、v が最大値に達して変化しなくなった瞬間にはコンデンサの電荷の出入りがないので、i は0となります。

次に、電圧 v が急減するときは電荷も急減するので、電流 i は負の最大値になり、v が負の最大値に達すると電荷の出入りがないので、i は0となります。これを繰り返します。

※注：第2章の式（2-7）を参照。

7-3 キャパシタンス

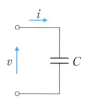

図7-12 キャパシタンス C をフェーザ表示 $\dot{V}$ と $\dot{I}$ で表現

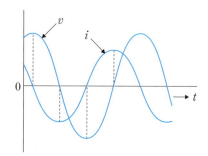

図7-13 正弦波交流電圧 v と正弦波交流電流 i の瞬時値の変化
（キャパシタンスの場合）

次に、フェーザ表示で、電圧 $\dot{V}$ と電流 $\dot{I}$ の関係を求めます。
式（7-8）をフェーザ表示で表すと、

$$\dot{V} = V\angle\theta_v \quad \left(V = \frac{V_m}{\sqrt{2}}\right) \tag{7-20}$$

となります。
　また、電流 i をフェーザ表示で表すと、式（7-15）から

$$\dot{I} = \omega CV \angle(\theta_v + 90°) = I\angle\theta_i \tag{7-21}$$

となります。
　さらに、式（7-21）を書き直して、

$$\dot{I} = \omega CV \angle(\theta_v + 90°) = \omega C\angle 90° \times V\angle\theta_v = \omega C\angle 90 \times \dot{V} \tag{7-22}$$

となります。フェーザ表示で表した電圧 $\dot{V}$ と電流 $\dot{I}$ の関係です。
　式（7-22）を複素数で表現する場合は、$1\angle 90° = j$ を用いて

$$\dot{I} = j\omega C\dot{V} \tag{7-23}$$

または

$$\dot{V} = \frac{\dot{I}}{j\omega C} = -j\frac{1}{\omega C}\dot{I} \tag{7-24}$$

となります。

式（7−23）または式（7−24）が、キャパシタンス C の基本関係式になります。

[例題7−4]
$C=40\,[\mu F]$ のキャパシタンスに、周波数 $f=50\,[Hz]$ の電流 $\dot{I}=1.2\angle-30°\,[A]$ が流れているとする。このときキャパシタンス C の端子電圧 $\dot{V}$ のフェーザ表示と複素数表示を求めなさい。また、$\dot{V}$ と $\dot{I}$ のフェーザ図を画きなさい。

[解答]
式（7−24）を使います。

$$\dot{V}=-j\frac{1}{\omega C}\dot{I}=-j\times\frac{1}{2\pi\times50\times40\times10^{-6}}\times1.2\angle-30°$$
$$=79.6\times1.2\angle(-90-30)=95.5\angle-120°\,[V]$$

複素数表示は、

$$\dot{V}=95.5\angle-120°=95.5\,cos\,(-120°)+j95.5\,sin\,(-120°)$$
$$=-47.8-j82.7\,[V]$$

が得られます。

$\dot{V}$ と $\dot{I}$ のフェーザ図は、図7−14のようになります。

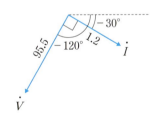

図7−14　$\dot{V}$ と $\dot{I}$ のフェーザ図

答：$\dot{V}=95.5\angle-120°\,[V]$、$\dot{V}=-47.8-j82.7\,[V]$、図7−14

7−3 キャパシタンス

[例題7−5]

$C=100\ [\mu F]$ のキャパシタンスに、$\dot{V}=100\angle 0°$ の電圧を加えたときに流れる電流 $\dot{I}$ のフェーザ表示を求めなさい。ただし、周波数 $f=50\ [Hz]$ とする。また、$\dot{V}$ と $\dot{I}$ のフェーザ図を画きなさい。

[解答]

式（7−23）を使います。

$$\dot{I}=j\omega C\dot{V}=j2\pi\times 50\times 100\times 10^{-6}\times 100\angle 0°$$
$$=0.0314\times 100\angle (90°+0°)=3.14\angle 90°\ [A]$$

$\dot{V}$ と $\dot{I}$ のフェーザ図は、図7−15のようになります。

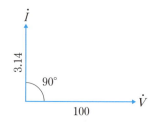

図7−15　$\dot{V}$ と $\dot{I}$ のフェーザ図

答：$\dot{I}=3.14\angle 90°\ [V]$、図7−15

[例題7−6]

$C=100\ [\mu F]$ のキャパシタンスに、電流 $\dot{I}=1.73+j1.00\ [A]$ が流れている。キャパシタンス C の端子電圧 $\dot{V}$ のフェーザ表示を求めなさい。ただし、周波数 $f=50\ [Hz]$ とする。また、$\dot{V}$ と $\dot{I}$ のフェーザ図を画きなさい。

[解答]

電流 $\dot{I}$ の複素数表示をフェーザ表示にします。

$$\dot{I}=1.73+j1.00=\sqrt{1.73^2+1.00^2}\angle tan^{-1}\frac{1.00}{1.73}=2.0\angle 30°$$

式（7−24）を使います。

$$\dot{V}=-j\frac{1}{\omega C}\dot{I}=-j\times\frac{1}{2\pi\times 50\times 100\times 10^{-6}}\times 2.0\angle 30°$$
$$=31.8\times 2.0\angle (-90°+30°)=63.6\angle -60°$$

$\dot{V}$ と $\dot{I}$ のフェーザ図は、図7−14のようになります。

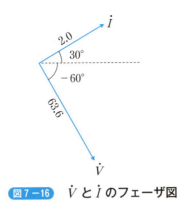

図7−16 $\dot{V}$ と $\dot{I}$ のフェーザ図

答：$\dot{V}=63.6\angle-60°$、図7−16

第 8 章
交流回路の直列接続

　本章では、交流回路の回路要素の直列接続について、インピーダンスのフェザー図、複素数表示と極座標表示（極表示）、インピーダンス図について説明します。次にリアクタンスと誘導性インピーダンスおよび容量性インピーダンスの関係について、そして最後にインピーダンスの逆数であるアドミタンスとアドミタンス図について説明します。

8−1 直列接続

抵抗とインダクタンスの直列接続、抵抗とキャパシタンスの直列接続について説明します。

8−1−1　抵抗とインダクタンスの直列接続

抵抗 R とインダクタンス L の直列回路を図 8−1 に示します。この直列回路に電流 $\dot{I} = I\angle\theta_i$ [A] が流れているとします。抵抗 R とインダクタンス L のそれぞれの端子電圧 $\dot{V}_R$ と $\dot{V}_L$ は、

$$\dot{V}_R = R\dot{I} \tag{8−1}$$

$$\dot{V}_L = j\omega L\dot{I} \tag{8−2}$$

となります※注。

したがって、端子 $a-b$ 間の電圧は、

$$\dot{V} = \dot{V}_R + \dot{V}_L = R\dot{I} + j\omega L\dot{I} = (R + j\omega L)\dot{I} \tag{8−3}$$

となります。

ここで、$\dot{V}_R$ と $\dot{V}_L$ は位相が 90° 異なっているので、フェーザ図は図 8−2 のようになります。

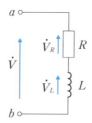

図 8−1　抵抗 R とインダクタンス L の直列回路（$R-L$ 直列回路）

※注：第 7 章の式（7−7）と式（7−13）を参照。

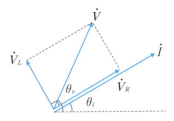

図 8－2 $R-L$ 直列回路のフェーザ図

8－1－2　抵抗とキャパシタンスの直列接続

　抵抗 R とキャパシタンス C の直列回路を図 8－3 に示します。この直列回路に電流 $\dot{I} = I\angle\theta_i\,[A]$ が流れているとします。抵抗 R とキャパシタンス C のそれぞれの端子電圧 $\dot{V}_R$ と $\dot{V}_C$ は、

$$\dot{V}_R = R\dot{I} \tag{8－4}$$

$$\dot{V}_C = \frac{1}{j\omega C}\dot{I} = -j\frac{1}{\omega C}\dot{I} \tag{8－5}$$

となります※注。

　したがって、端子 $a-b$ 間の電圧は、

$$\dot{V} = \dot{V}_R + \dot{V}_C = R\dot{I} - j\frac{1}{\omega C}\dot{I} = \left(R - j\frac{1}{\omega C}\right)\dot{I} \tag{8－6}$$

となります。

　ここで、$\dot{V}_R$ と $\dot{V}_C$ は位相が $-90°$ 異なっているので、フェーザ図は図 8－4 のようになります。

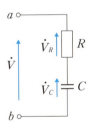

図 8－3　抵抗 R とインダクタンス C の直列回路（$R-C$ 直列回路）

※注：$\dot{V}_C$ については第 7 章の式（7－24）を参照。

8-1 直列接続

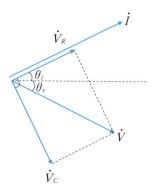

図 8 − 4　$R-C$ 直列回路のフェーザ図

8-2 インピーダンスとアドミタンス

抵抗とインダクタンスの直列接続、抵抗とキャパシタンスの直列接続について、インピーダンスとアドミタンスについて説明します。

8-2-1 インピーダンス

上記の式（8-3）と式（8-6）は、次のように表現することができます。

$$\dot{V} = (R + j\omega L)\dot{I} = \dot{Z}\dot{I} \tag{8-7}$$

$$\dot{V} = \left(R - j\frac{1}{\omega C}\right)\dot{I} = \dot{Z}\dot{I} \tag{8-8}$$

このように定義される $\dot{Z}$ を**インピーダンス**といいます。
また、インピーダンス $\dot{Z}$ の表現法として以下のように書くことができます。

$$\begin{aligned}\dot{Z} &= R + j\omega L \quad \longleftarrow \text{インピーダンスの複素数表示} \\ &= \sqrt{R^2 + (\omega L)^2} \angle \tan^{-1}\frac{\omega L}{R} \quad \text{インピーダンスの極座標表示} \\ &= Z \angle \theta_Z \quad \text{またはインピーダンスの極表示}\end{aligned} \tag{8-9}$$

$$\begin{aligned}\dot{Z} &= R - j\frac{1}{\omega C} \quad \longleftarrow \text{インピーダンスの複素数表示} \\ &= \sqrt{R^2 + \left(\frac{1}{\omega C}\right)^2} \angle \tan^{-1}\frac{-1}{\omega CR} \quad \text{インピーダンスの極座標表示} \\ &= Z \angle \theta_Z \quad \text{またはインピーダンスの極表示}\end{aligned} \tag{8-10}$$

$\dot{Z}$ を実数部と虚数部からなる複素数で表現することを**インピーダンスの複素数表示**といいます。また、それぞれの式の2行目と3行目の表現法を**インピーダンスの極座標表示**または**インピーダンスの極表示**といいます。ここで、θ_Z を**インピーダンス角**といいます。インピーダンス $\dot{Z}$ の複素数表示は、図8-5と図8-6のように図示することができます。これを**インピーダンス図**といいます。

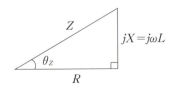

図8-5 $R-L$ 直列回路のインピーダンス図

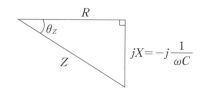

図8−6 $R-C$ 直列回路のインピーダンス図

次に、インピーダンスの複素数表示の虚数部である、ωL と $\dfrac{1}{\omega C}$ を**リアクタンス**といいます。図8−2に示すように、ωL は電流 $\dot{I}$ に対して90°位相が進んだ $\dot{V}_L$ を生じるので**誘導性リアクタンス**といいます。また、$\dfrac{1}{\omega C}$ は、図8−4に示すように、電流 $\dot{I}$ に対して90°位相が遅れた $\dot{V}_C$ を生じるので**容量性リアクタンス**といいます。

一般に、インピーダンスの複素数表示とインピーダンスの虚座標表示（またはインピーダンスの極表示）は、リアクタンスを X として

$$\dot{Z}=R+jX=\sqrt{R^2+X^2}\angle tan^{-1}\dfrac{X}{R} \tag{8-11}$$

のように表現することができます。

ここで、リアクタンス X が正値のときのインピーダンス $\dot{Z}$ を**誘導性インピーダンス**といい、リアクタンス X が負値のときのインピーダンス $\dot{Z}$ を**容量性インピーダンス**といいます。

[例題8－1]

図8－7の①～⑤の回路のインピーダンス$\dot{Z}$の複素数表示を求めなさい。また、これらの回路のインピーダンスは誘導性または容量性のどちらであるかを答えなさい。

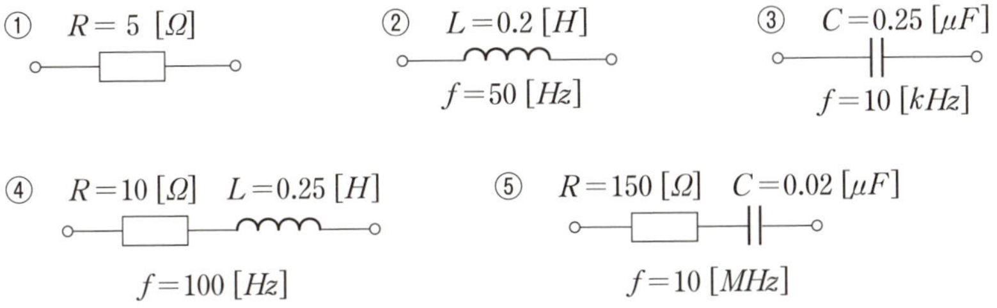

① $R=5\,[\Omega]$
② $L=0.2\,[H]$　　$f=50\,[Hz]$
③ $C=0.25\,[\mu F]$　　$f=10\,[kHz]$
④ $R=10\,[\Omega]$　$L=0.25\,[H]$　　$f=100\,[Hz]$
⑤ $R=150\,[\Omega]$　$C=0.02\,[\mu F]$　　$f=10\,[MHz]$

図8－7　各回路のインピーダンスを求める

[解答]

インピーダンスの複素数表示である式（8－9）と式（8－10）（または式（8－11））を使います。

① $\dot{Z}=R+jX=5+j0\,[\Omega]$

抵抗のみで、虚数部が0なので、誘導性または容量性のどちらでもない。

② $\dot{Z}=R+j\omega L=0+j(2\pi\times 50\times 0.2)=0+j62.8\,[\Omega]$

虚数部（リアクタンス $X=\omega L$）が正値なので、誘導性インピーダンスである。

③ $\dot{Z}=R+\dfrac{1}{j\omega C}=R-j\dfrac{1}{\omega C}=0-j\dfrac{1}{2\pi\times 10\times 10^3\times 0.25\times 10^{-6}}=0-j63.7\,[\Omega]$

虚数部（リアクタンス $X=\dfrac{1}{\omega C}$）が負値なので、容量性インピーダンスである。

④ $\dot{Z}=R+j\omega L=10+j(2\pi\times 100\times 0.25)=10+j157.1\,[\Omega]$

虚数部（リアクタンス $X=\omega L$）が正値なので、誘導性インピーダンスである。

⑤ $\dot{Z}=R+\dfrac{1}{j\omega C}=R-j\dfrac{1}{\omega C}=150-j\dfrac{1}{2\pi\times 10\times 10^6\times 0.02\times 10^{-6}}=0-j0.8\,[\Omega]$

虚数部（リアクタンス $X=\dfrac{1}{\omega C}$）が負値なので、容量性インピーダンスである。

答：① $\dot{Z}=5+j0$　$[\Omega]$、どちらでもない
　　② $\dot{Z}=0+j62.8$　$[\Omega]$、誘導性インピーダンス
　　③ $\dot{Z}=0-j63.7$　$[\Omega]$、容量性インピーダンス

④ $\dot{Z} = 10 + j157.1\ [\Omega]$、誘導性インピーダンス
⑤ $\dot{Z} = 0 - j0.8\ [\Omega]$、容量性インピーダンス

[例題8−2]
図8−8の$R-L$直列回路のインピーダンス図を画きなさい。

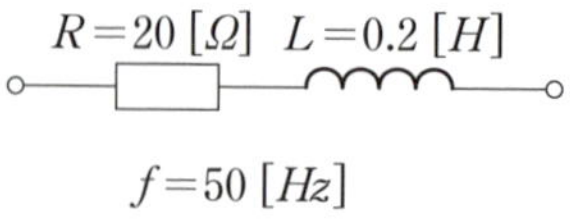

$R = 20\ [\Omega]$　$L = 0.2\ [H]$

$f = 50\ [Hz]$

図8−8　$R-L$直列回路

[解答]
インピーダンスの複素数表示と極座標表示（極表示）は

$\dot{Z} = R + j\omega L$

$\quad = 20 + j\,(2\pi \times 50 \times 0.2) = 20 + j62.8\ [\Omega]$

$\quad = \sqrt{20^2 + 62.8^2} \angle tan^{-1} \dfrac{62.8}{20}$

$\quad = 65.9 \angle 72.3°$

となります。

計算したインピーダンス $\dot{Z}$ を図示すると図8−9のようになります。

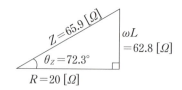

図8−9　$R-L$直列回路のインピーダンス $\dot{Z}$ を図示する

答：図8−9

[例題 8 - 3]

図8-10のR-L直列回路に電流$\dot{I}=1\angle 0°[A]$が流れているときの電圧$\dot{V}_R$, $\dot{V}_L$, $\dot{V}$のフェーザ表示とインピーダンス$\dot{Z}$の複素数表示を求めなさい。また、$\dot{I}$, $\dot{V}_R$, $\dot{V}_L$, $\dot{V}$の関係を示すフェーザ図を画きなさい。ただし、周波数$f=50[Hz]$とする。

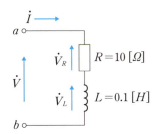

図8-10 R-L直列回路

[解答]

最初に、$\dot{V}_R$, $\dot{V}_L$, $\dot{V}$のフェーザ表示と複素数表示を求めます。式（8-1）、式（8-2）、式（8-3）を使います。

$$\dot{V}_R = R\dot{I} = 10\times 1\angle 0° = 10\angle 0°$$
$$= 10+j0\ [V]$$

$$j\omega L = j(2\pi\times 50\times 0.1) = j31.4 = \sqrt{0^2+31.4^2}\angle tan^{-1}\frac{31.4}{0} = 31.4\angle 90°\ [\Omega]$$

$$\dot{V}_L = j\omega L\dot{I} = 31.4\angle 90°\times 1\angle 0° = 31.4\angle 90°$$
$$= 31.4\ cos\ 90° + j31.4\ sin\ 90° = 0 + j31.4\ [V]$$

$$\dot{V} = \dot{V}_R + \dot{V}_L = R\dot{I} + j\omega L\dot{I}$$
$$= (10+j0) + (0+j31.4) = 10+j31.4$$
$$= \sqrt{10^2+31.4^2}\angle tan^{-1}\frac{31.4}{10} = 33.0\angle 72.3°\ [V]$$

インピーダンス$\dot{Z}$は、式（8-9）から
$$\dot{Z} = R+j\omega L = 10+j31.4\ [\Omega]$$
が得られます。

$\dot{I}$, $\dot{V}_R$, $\dot{V}_L$, $\dot{V}$の関係を示すフェーザ図は図8-11のようになります。

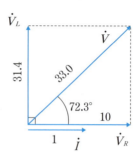

図 8−11　フェーザ図（$R-L$ 直列回路）

答：$\dot{V}_R = 10\angle 0°\,[V]$、$\dot{V}_L = 31.4\angle 90°\,[V]$、$\dot{V} = 33.0\angle 72.3°\,[V]$、
$\dot{Z} = 10 + j31.4\,[\Omega]$、図 8−11

[例題 8−4]

図 8−12 の $R-C$ 直列回路に電流 $\dot{I} = 1\angle 0°\,[A]$ が流れているときの電圧 $\dot{V}_R$、$\dot{V}_L$、$\dot{V}$ のフェーザ表示とインピーダンス $\dot{Z}$ の複素数表示を求めなさい。また、$\dot{I}$、$\dot{V}_R$、$\dot{V}_L$、$\dot{V}$ の関係を示すフェーザ図を画きなさい。ただし、周波数 $f = 50\,[Hz]$ とする。

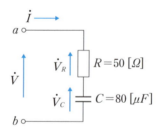

図 8−12　$R-C$ 直列回路

[解答]

　最初に、$\dot{V}_R$、$\dot{V}_L$、$\dot{V}$ のフェーザ表示と複素数表示を求めます。式（8−4）、式（8−5）、式（8−6）を使います。

$$\dot{V}_R = R\dot{I} = 50 \times 1\angle 0° = 50\angle 0°$$
$$= 50 + j0\,[V]$$

$$\frac{1}{j\omega C} = \frac{1}{j(2\pi \times 50 \times 80 \times 10^{-6})} = -j39.8 = \sqrt{0^2 + (-39.8)^2}\angle tan^{-1}\frac{-39.8}{0}$$
$$= 39.8\angle -90°\,[\Omega]$$

第8章 交流回路の直列接続

$$\dot{V}_C = \frac{1}{j\omega C}\dot{I} = 39.8\angle-90° \times 1\angle 0° = 39.8\angle-90°$$
$$= 39.8\cos(-90°) + j39.8\sin(-90°) = 0 - j39.8 \ [V]$$

$$\dot{V} = \dot{V}_R + \dot{V}_C = R\dot{I} + \frac{1}{j\omega C}\dot{I}$$
$$= (50+j0) + (0-j39.8) = 50 - j39.8$$
$$= \sqrt{50^2 + (-39.8^2)} \angle tan^{-1}\frac{-39.8}{50} = 63.9\angle-38.5° \ [V]$$

インピーダンス $\dot{Z}$ は、式（8-10）から

$$\dot{Z} = R + \frac{1}{j\omega C} = 50 - j39.8 \ [\Omega]$$

が得られます。

$\dot{I}$、$\dot{V}_R$、$\dot{V}_L$、$\dot{V}$ の関係を示すフェーザ図は図8-13のようになります。

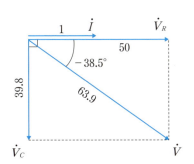

図8-13 フェーザ図（$R-C$ 直列回路）

答：$\dot{V}_R = 50\angle 0° \ [V]$、$\dot{V}_C = 39.8\angle-90° \ [V]$、$\dot{V} = 63.9\angle-38.5° \ [V]$、
$\dot{Z} = 50 - j39.8 \ [\Omega]$、図8-13

8-2-2 アドミタンス

インピーダンス $\dot{Z}$ の逆数を**アドミタンス** $\dot{Y}$ といいます。

$$\dot{Y} = \frac{1}{\dot{Z}} \qquad (8-12)$$

ここで、$\dot{Z} = Z\angle\theta_Z$ とすると、式（8-12）は

$$\dot{Y} = \frac{1}{\dot{Z}} = \frac{1}{Z\angle\theta_Z} = \frac{1}{Z}\angle-\theta_Z \equiv Y\angle\theta_Y \ [S] \qquad (8-13)$$

8-2 インピーダンスとアドミタンス

となります。式（8-13）を**アドミタンスの極表示**または**アドミタンスの極座標表示**といいます。単位は [S]（ジーメンスと発音）です。ここで、Y を**アドミタンスの大きさ**、θ_Y を**アドミタンス角**といいます。

アドミタンスを複素数表示すると

$$\dot{Y} = Y\angle\theta_Y = Y\cos\theta_Y + j\sin\theta_Y \equiv G + jB \tag{8-14}$$

のように書くことができます。ここで、$\dot{Y}$ の実数部 G を**コンダクタンス**、虚数部を**サセプタンス**といいます。**アドミタンス図**は図8-14のようになります。

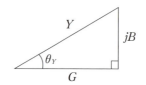

図8-14 アドミタンス図

また、アドミタンス角 θ_Y が $\theta_Y < 0$ のときは**誘導性サセプタンス**、$\theta_Y > 0$ のときは**容量性サセプタンス**といいます。誘導性サセプタンスの場合は、$\dot{V}$ に対して電流 $\dot{I}$ が遅れます。また、容量性サセプタンスの場合は、逆に、$\dot{V}$ に対して電流 $\dot{I}$ が進みます。

[例題 8-5]

例題8-2で示した図8-8の R-L 直列回路のアドミタンス $\dot{Y}$ を極表示と複素数表示で求めなさい。また、アドミタンス図を描きなさい。さらに、サセプタンスは誘導性または容量性かを答えなさい。

[解答]

$\dot{Z} = 65.9\angle 72.3°$ を式（8-13）に代入します。

$$\dot{Y} = \frac{1}{\dot{Z}} = \frac{1}{65.9\angle 72.3°} = 0.0152\angle -72.3°\,[S] = 15.2\angle -72.3°\,[mS]$$

$$= 15.2\cos(-72.3°) + j15.2\sin(-72.3°) = 4.6 - j14.5\,[mS]$$

アドミタンス図は図8-15のようになります。

アドミタンス角 θ_Y は、$\theta_Y = -72.3° < 0$ なので**誘導性サセプタンス**です。

第8章 交流回路の直列接続

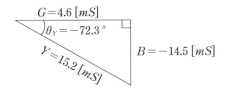

図8-15 $R-L$ 直列回路のアドミタンス図

答：$\dot{Y} = 15.2∠-72.3° \,[mS] = 4.6 - j14.5 \,[mS]$、
図8-15、誘導性サセプタンス

[例題8-6]
　例題8-4の $R-C$ 直列回路のアドミタンス $\dot{Y}$ を極表示と複素数表示を求めなさい。また、アドミタンス図を画きなさい。さらに、サセプタンスは誘導性または容量性かを答えなさい。

[解答]

$\dot{Z} = R + \dfrac{1}{j\omega C} = 50 - j39.8 \,[\Omega]$ を式（8-13）に代入します。

$$\dot{Y} = \dfrac{1}{\dot{Z}} = \dfrac{1}{50-j39.8} = \dfrac{50+j39.8}{(50-j39.8)(50+j39.8)} = \dfrac{50+j39.8}{50^2+39.8^2}$$

$$= 0.0122 + j0.0097 \,[S] = 12.2 + j9.7 \,[mS]$$

$$= \sqrt{12.2^2 + 9.7^2} ∠ tan^{-1}\dfrac{9.7}{12.2} = 15.6∠38.5° \,[mS]$$

アドミタンス図は図8-16のようになります。

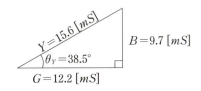

図8-16 $R-C$ 直列回路のアドミタンス図

アドミタンス角 θ_Y は、$\theta_Y = 38.5° > 0$ なので容量性サセプタンスです。

答：$\dot{Y} = 15.6∠38.5° \,[mS] = 12.2 + j9.7 \,[mS]$、図8-16、容量性サセプタンス

第 9 章
交流回路の並列接続

本章では、交流回路の回路要素の並列接続について、アドミタンスの複素数表示と極座標表示(極表示)について説明します。次に、$R-L$ 並列回路と $R-C$ 並列回路の具体例でフェーザ図とアドミタンス図について説明します。最後に、これらの応用としてインピーダンスの直列接続またはインピーダンスとアドミタンスを直列接続したときの合成インピーダンスの求め方について説明します。

9-1 並列接続

抵抗 R とインダクタンスの並列接続、抵抗とキャパシタンスの並列接続について説明します。

9-1-1 抵抗とインダクタンスの並列接続

抵抗 R とインダクタンス L の並列回路を図 9－1 に示します。この並列回路に電圧 $\dot{V}=V\angle\theta_v\,[\mathrm{V}]$ が加わっているとします。抵抗 R とインダクタンス L それぞれに流れる電流 $\dot{I}_R$ と $\dot{I}_L$ は、

$$\dot{I}_R = \frac{\dot{V}}{R} \tag{9-1}$$

$$\dot{I}_L = \frac{\dot{V}}{j\omega L} = -j\frac{\dot{V}}{\omega L} \tag{9-2}$$

となります。

したがって、端子 a から流れ込む電流 $\dot{I}$ は、$\dot{I}_R$ と $\dot{I}_L$ の和になるので、

$$\dot{I} = \dot{I}_R + \dot{I}_L = \frac{\dot{V}}{R} - j\frac{\dot{V}}{\omega L} = \left(\frac{1}{R} - j\frac{1}{\omega L}\right)\dot{V} \tag{9-3}$$

となります。

ここで、$\dot{I}_R$ と $\dot{I}_L$ は位相が90°異なっているので（$\dot{I}_L$ は $\dot{I}_R$ より位相が90°遅れるので）、フェーザ図は図 9－2 のようになります。

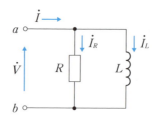

図9-1 抵抗 R とインダクタンス L の並列回路（$R-L$ 並列回路）

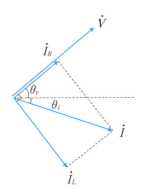

図9-2 $R-L$ 並列回路のフェーザ図

9-1-2 抵抗とキャパシタンスの並列接続

抵抗 R とキャパシタンス C の並列回路を図9-3に示します。この並列回路に電圧 $\dot{V}=V\angle\theta_v\,[V]$ が加わっているとします。抵抗 R とキャパシタンス C それぞれに流れる電流 $\dot{I}_R$ と $\dot{I}_C$ とは、

$$\dot{I}_R=\frac{\dot{V}}{R} \tag{9-4}$$

$$\dot{I}_C=j\omega C\dot{V} \tag{9-5}$$

となります。

したがって、端子 $a-b$ 間から流れる電流 $\dot{I}$ は、$\dot{I}_R$ と $\dot{I}_C$ の和になるので、

$$\dot{I}=\frac{\dot{V}}{R}+j\omega C\dot{V}=\left(\frac{1}{R}+j\omega C\right)\dot{V} \tag{9-6}$$

となります。

ここで、$\dot{I}_C$ は $\dot{I}_R$ より位相が90°進んでいるので、フェーザ図は図9-4のようになります。

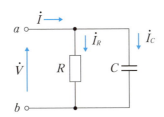

図9-3 抵抗 R とインダクタンス C の並列回路（$R-C$ 並列回路）

● 9-1 並列接続

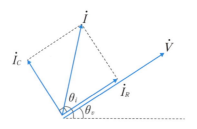

図9-4　$R-C$ 並列回路のフェーザ図

9-2 アドミタンス

R–L 並列回路と R–C 並列回路のアドミタンスを求めます。アドミタンス $\dot{Y}$ はインピーダンス $\dot{Z}$ の逆数として定義されます※注。

R–L 並列回路のアドミタンスは式（9－3）から、

$$\dot{Y}=\frac{\dot{I}}{\dot{V}}=\frac{1}{R}-j\frac{1}{\omega L} \tag{9－7}$$

R–C 並列回路のアドミタンスは式（9－6）から、

$$\dot{Y}=\frac{\dot{I}}{\dot{V}}=\frac{1}{R}+j\omega C \tag{9－8}$$

となります。

式（9－7）と式（9－8）を極表示で表すと

$$\dot{Y}=\frac{1}{R}-j\frac{1}{\omega L}=\sqrt{\left(\frac{1}{R}\right)^2+\left(\frac{1}{\omega L}\right)^2}\angle tan^{-1}\left(-\frac{R}{\omega L}\right)\equiv Y\angle\theta_Y \tag{9－9}$$

$$\dot{Y}=\frac{1}{R}+j\omega C=\sqrt{\left(\frac{1}{R}\right)^2+(\omega C)^2}\angle tan^{-1}\omega CR\equiv Y\angle\theta_Y \tag{9－10}$$

となります。

R–L 並列回路と R–C 並列回路のアドミタンス図は、それぞれ図9－5と図9－6のようになります。

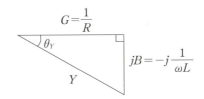

図9－5 R–L 並列回路のアドミタンス図

※注：第8章の式（8－12）～式（8－14）を参照。

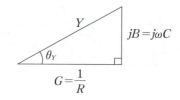

図9-6 $R-C$ 並列回路のアドミタンス図

式 (9-9) と式 (9-10) のアドミタンス $\dot{Y}$ をコンダクタンス G とサセプタンス B で表すと、

$$\dot{Y} = G + jB = \sqrt{G^2 + B^2} \angle tan^{-1}\frac{B}{G} \equiv Y \angle \theta_Y \qquad (9-11)$$

となります。ここで、$G = \frac{1}{R}$、$B = -\frac{1}{\omega L} < 0$ または $\omega C > 0$ です。コンダクタンス G は必ず正の値となり、サセプタンス B は正または負の値をとります。

インピーダンス $\dot{Z}$ は、アドミタンス $\dot{Y}$ の定義から

$$\dot{Z} = \frac{1}{\dot{Y}} = \frac{1}{Y \angle \theta_Y} \equiv \frac{1}{Y} \angle -\theta_Y$$

$$\equiv Z \angle \theta_Z = Z \cos \theta_Z + jZ \sin \theta_Z$$

$$\equiv R + jX \qquad (9-12)$$

のように表すことができます。

[例題9-1]

図9-7の $R-L$ 並列回路のアドミタンス $\dot{Y}$ の複素数表示と極表示を求めなさい。また、アドミタンス図を画きなさい。次に、アドミタンス $\dot{Y}$ からインピーダンス $\dot{Z}$ の複素表示と極表示を求めなさい。また、このときのインピーダンス図を画きなさい。ただし、周波数 $f = 50 \,[Hz]$ とする。

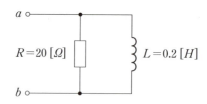

図9-7 $R-L$ 並列回路

[解答]

アドミタンス $\dot{Y}$ の複素数表示と極表示は、式（9-9）から

$$\dot{Y} = \frac{1}{R} - j\frac{1}{\omega L}$$

$$= \frac{1}{20} - j\frac{1}{2\pi \times 50 \times 0.2} = 0.05 - j0.0159 \, [S]$$

$$= \sqrt{0.05^2 + (-0.0159)^2} \angle tan^{-1}\frac{-0.0159}{0.05}$$

$$= 0.0525 \angle -17.6° \, [S] \qquad (9-13)$$

となります。

計算したアドミタンス $\dot{Y}$ を図示すると図9-8のようになります。

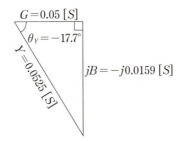

図9-8 $R-L$ 並列回路のアドミタンス図

次に、インピーダンス $\dot{Z}$ の複素数表示と極表示は、式（9-12）から

$$\dot{Z} = \frac{1}{\dot{Y}} = \frac{1}{Y\angle\theta_Y} = \frac{1}{0.0525\angle -17.6°} = 19.05\angle 17.6° \, [\Omega]$$

$$= 19.05 \, cos\, 17.6° + j19.05 \, sin\, 17.6°$$

$$= 18.16 + j5.76 \, [\Omega] \qquad (9-14)$$

計算したインピーダンス $\dot{Z}$ を図示すると図9-9のようになります。

9-2 アドミタンス

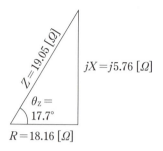

図9-9 $R-L$ 並列回路のインピーダンス図

答：$\dot{Y}=0.05-j0.0159\,[S]=0.0525\angle-17.6°\,[S]$、図9-8
$\dot{Z}=19.05\angle17.6°\,[\Omega]=18.16+j5.76\,[\Omega]$、図9-9

[例題9-2]
　図9-7の端子 a から $\dot{I}=2\angle0°$ の電流を流したときの端子電圧 $\dot{V}$ のフェーザ表示と、抵抗 R とインダクタンス L に流れ込む電流 $\dot{I}_R$ と $\dot{I}_L$ とのフェーザ表示を求めなさい。次に、$\dot{I}$、$\dot{I}_R$、$\dot{I}_L$、$\dot{V}$ の関係を示すフェーザ図を画きなさい。

[解答]
　端子電圧 $\dot{V}$ のフェーザ表示を求めます。式（9-14）の $\dot{Z}$ の極表示の計算値を使って、以下の計算をします。
$$\dot{V}=\dot{Z}\dot{I}=19.05\angle17.6°\times2\angle0°=38.1\angle17.6°\,[V]$$
または、式（9-13）のアドミタンス $\dot{Y}$ の極表示の計算値を使って、以下の計算をします。
$$\dot{V}=\frac{\dot{I}}{\dot{Y}}=\frac{2\angle0°}{0.0525\angle-17.6°}=38.1\angle17.6°\,[V]$$
次に、抵抗 R とインダクタンス L に流れる電流 $\dot{I}_R$ と $\dot{I}_L$ を求めます。

$$\dot{I}_R=\frac{\dot{V}}{R}=\frac{38.1\angle17.6°}{20}=1.905\angle17.6°\,[A]$$

$$\dot{I}_L=\frac{\dot{V}}{j\omega L}=-j\frac{\dot{V}}{\omega L}=-j0.0159\times38.1\angle17.6°$$
$$=0.0159\angle-90°\times38.1\angle17.6°$$
$$=0.0159\times38.1\angle(-90°+17.6°)=0.606\angle-72.4°\,[A]$$

上記の極表示の計算結果から、$\dot{I}$、$\dot{I}_R$、$\dot{I}_L$、$\dot{V}$ の関係を示すフェーザ図は図 9-10 になります。

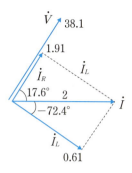

図9-10　$\dot{I}$、$\dot{I}_R$、$\dot{I}_L$、$\dot{V}$ の関係を示すフェーザ図

答：$\dot{V}=38.1\angle 17.6°[V]$、$\dot{I}_R=1.905\angle 17.6°[A]$、
$\dot{I}_L=0.606\angle -72.34°[A]$、図9-10

[例題9-3]

図9-11 の $R-C$ 並列回路の端子 $a-b$ 間のアドミタンスの複素数表示と極表示を求めなさい。ただし、周波数 $f=50[Hz]$ とする。

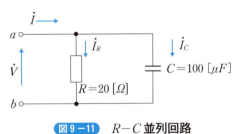

図9-11　$R-C$ 並列回路

[解答]

式（9-8）を使います。

$$\dot{Y}=\frac{\dot{I}}{\dot{V}}=\frac{1}{R}+j\omega C=\frac{1}{20}+j(2\pi\times 50\times 100\times 10^{-6})=0.05+j0.0314\,[S]$$

$$=\sqrt{0.05^2+0.0314^2}\angle tan^{-1}\frac{0.0314}{0.05}=0.059\angle 32.13°\,[S]$$

答：$0.05+j0.0314\,[S]$、$0.059\angle 32.13°\,[S]$

9-2 アドミタンス

[例題9-4]

図9-11のR-C並列回路の端子a-b間に、周波数f=50 [Hz]、$\dot{V}$=100∠0°[V]の電圧を加えた。電流$\dot{I}_R$、$\dot{I}_C$、$\dot{I}$のフェーザ表示と複素数表示を求めなさい。また、$\dot{V}$、$\dot{I}_R$、$\dot{I}_C$、$\dot{I}$の関係を示すフェーザ図を画きなさい。

[解答]

$\dot{I}_R$、$\dot{I}_C$、$\dot{I}$のフェーザ表示と複素数表示をそれぞれ求めます。

$$\dot{I}_R = \frac{1}{R}\dot{V} = \frac{1}{20} \times 100∠0° = 5∠0° [A]$$
$$= 5\cos 0° + j5\sin 0° = 5 + j0 [A]$$

$$\dot{I}_C = j\omega C \times \dot{V} = j0.0314 \times 100∠0° = 0.0314∠90° \times 100∠0°$$
$$= 3.14∠(90° + 0°) = 3.14∠90°$$
$$= 3.14\cos 90° + j3.14\sin 90° = 0 + j3.14 [A]$$

$$\dot{I} = \dot{I}_R + \dot{I}_C = (5 + j0) + (0 + j3.14) = 5 + j3.14 [A]$$
$$= \sqrt{5^2 + 3.14^2}∠\tan^{-1}\frac{3.14}{5} = 5.904∠32.13° [A]$$

$\dot{V}$、$\dot{I}_R$、$\dot{I}_C$、$\dot{I}$の関係を示すフェーザ図は図9-12になります。

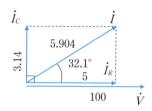

図9-12 $\dot{I}$、$\dot{I}_R$、$\dot{I}_C$、$\dot{V}$の関係を示すフェーザ図

答:$\dot{I}_R = 5∠0° = 5 + j0 [A]$、$\dot{I}_C = 3.14∠90° = 0 + j3.14 [A]$、
　　$\dot{I} = 5 + j3.14 [A] = 5.904∠32.13° [A]$、図9-12

9-3 合成インピーダンス

合成インピーダンスとして、インピーダンスの直列接続、インピーダンスとアドミタンスの直列接続について説明します。

9-3-1 インピーダンスの直列接続

インピーダンス $\dot{Z}_1$、$\dot{Z}_2$ を直列に接続した回路を図9-13に示します。この回路に電流 $\dot{I}=I\angle\theta_i$ が流れているときの各インピーダンスの端子電圧は、

$$\dot{V}_1 = \dot{Z}_1 \dot{I} \tag{9-15}$$
$$\dot{V}_2 = \dot{Z}_2 \dot{I} \tag{9-16}$$

となります。

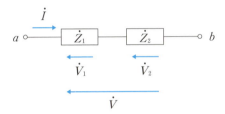

図9-13 インピーダンスの直列接続

全体の端子 $a-b$ 間の電圧 $\dot{V}$ は、各電圧の和として与えられるので、

$$\dot{V} = \dot{V}_1 + \dot{V}_2 = \dot{Z}_1 \dot{I} + \dot{Z}_2 \dot{I} = (\dot{Z}_1 + \dot{Z}_2)\dot{I} \tag{9-17}$$

となります。
したがって、端子 $a-b$ 間の合成インピーダンス $\dot{Z}$ は、

$$\dot{Z} = \frac{\dot{V}}{\dot{I}} = \frac{(\dot{Z}_1 + \dot{Z}_2)\dot{I}}{\dot{I}} = \dot{Z}_1 + \dot{Z}_2 \tag{9-18}$$

となります。すなわち、**合成インピーダンス $\dot{Z}$** は、各インピーダンス $\dot{Z}_1$、$\dot{Z}_2$ の和になります。

各インピーダンス $\dot{Z}_1$、$\dot{Z}_2$ が極表示で与えられているときは、いったん複素数表示に変換してから、実数部と虚数部に分けて、それぞれ別々に加え合わせます。

$$\dot{V}_1 = Z_1\angle\theta_1 = Z_1\cos\theta_1 + jZ_1\sin\theta_1 \equiv R_1 + jX_1 \tag{9-19}$$
$$\dot{V}_2 = Z_2\angle\theta_2 = Z_2\cos\theta_2 + jZ_2\sin\theta_2 \equiv R_2 + jX_2 \tag{9-20}$$

合成インピーダンス $\dot{Z}$ は、

$$\dot{Z} = \dot{Z}_1 + \dot{Z}_2 = (R_1 + R_2) + j(X_1 + X_2)$$
$$= R + jX \qquad (9-21)$$

となります。ここで、$R = R_1 + R_2$、$X = X_1 + X_2$です。

インピーダンス$\dot{Z}_1$、$\dot{Z}_2$、$\dot{Z}_3$の合成インピーダンス$\dot{Z}$のインピーダンス図を画くと、図9-14になります。

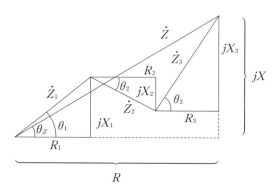

図9-14 合成インピーダンス$\dot{Z}$のインピーダンス図

9-3-2 インピーダンスとアドミタンスの直列接続

インピーダンス$\dot{Z}_1$とアドミタンス$\dot{Y}_2$を直列に接続した回路を図9-15に示します。この回路に電流$\dot{I} = I\angle\theta_i$を流れているときの各端子電圧は、

$$\dot{V}_1 = \dot{Z}_1 \dot{I} \qquad (9-22)$$

$$\dot{I} = \dot{Y}_2 \dot{V}_2 = \frac{1}{\dot{Z}_2} \dot{V}_2 \text{ から } \dot{V}_2 = \dot{Z}_2 \dot{I} \qquad (9-23)$$

となります。ここで、$\dot{Y}_2 = \dfrac{1}{\dot{Z}_2}$です。

すなわち、アドミタンス$\dot{Y}_2$をインピーダンス$\dot{Z}_2$に変換すれば、式（9-21）と同じようにして合成インピーダンスを求めることができます。

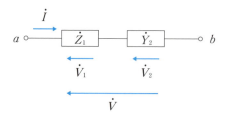

図9-15 インピーダンスとアドミタンスの直列回路

[例題9-5]

図9-16の直並列回路の合成インピーダンスを求めなさい。また、端子 $a-b$ 間に電圧 $\dot{V}=100\angle 0°[V]$ を加えたときの電流 $\dot{I}$、$\dot{I}_R$、$\dot{I}_C$、端子電圧 $\dot{V}_1$、$\dot{V}_2$ を求めなさい。最後に、$\dot{V}$、$\dot{V}_1$、$\dot{V}_2$、$\dot{I}$、$\dot{I}_R$、$\dot{I}_C$、の関係を示すフェーザ図を画きなさい。ただし、周波数 $f=50[Hz]$ とする。

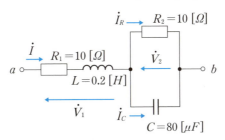

図9-16 直並列回路

[解答]

抵抗 R_1 とインダクタンス L の直列接続のインピーダンス $\dot{Z}_1$ は、

$$\dot{Z}_1 = \dot{R}_1 + j\omega L = 10 + j(2\pi \times 50 \times 0.2) = 10 + j62.83 [\Omega]$$

$$= \sqrt{10^2 + 62.83^2} \angle tan^{-1}\frac{62.83}{10} = 63.62 \angle 80.96° [\Omega]$$

抵抗 R_2 とキャパシタンス C の並列接続のアドミタンス $\dot{Y}_2$ とインピーダンス $\dot{Z}_2$ は、

$$\dot{Y}_2 = \frac{1}{R_2} + j\omega C = \frac{1}{10} + j(2\pi \times 50 \times 80 \times 10^{-6}) = 0.1 + j0.0251 [S]$$

$$= \sqrt{0.1^2 + 0.0251^2} \angle tan^{-1}\frac{0.0251}{0.1} = 0.103 \angle 14.09° [S]$$

$$\dot{Z}_2 = \frac{1}{\dot{Y}_2} = \frac{1}{0.103 \angle 14.09°} = 9.709 \angle -14.09°$$

$$= 9.709 \cos(-14.09°) + j9.709 \sin(-14.09°) = 9.417 - j2.364 [\Omega]$$

端子 $a-b$ 間の合成インピーダンス $\dot{Z}$ は、

$$\dot{Z} = \dot{Z}_1 + \dot{Z}_2 = (10 + j62.83) + (9.417 - j2.364) = 19.42 + j60.47 [\Omega]$$

$$= \sqrt{19.42^2 + 60.47^2} \angle tan^{-1}\frac{60.47}{19.42} = 63.51 \angle 72.2° [\Omega]$$

となります。

端子 $a-b$ 間に電圧 $\dot{V}=100\angle 0°[V]$ を加えたときの電流 $\dot{I}$ は、

9-3 合成インピーダンス

$$\dot{I} = \frac{\dot{V}}{\dot{Z}} = \frac{100\angle 0°}{63.51\angle 72.20°} = 1.57\angle -72.2° \,[A]$$

となります。

インピーダンス $\dot{Z}_1$ と $\dot{Z}_2$ のそれぞれの端子電圧 $\dot{V}_1$ と $\dot{V}_2$ は、

$$\dot{V}_1 = \dot{Z}_1 \dot{I} = 63.62\angle 80.96° \times 1.57\angle -72.2°$$
$$= (63.62 \times 1.57)\angle (80.96-72.2) = 99.9\angle 8.76°\,[V]$$
$$\dot{V}_2 = \dot{Z}_2 \dot{I} = 9.709\angle -14.09° \times 1.57\angle -72.2°$$
$$= (9.709 \times 1.57)\angle (-14.09-72.2) = 15.24\angle -86.29°\,[V]$$

となります。

抵抗 R_2 とインダクタンス C にそれぞれ流れる電流 $\dot{I}_R$ と $\dot{I}_C$ は、

$$\dot{I}_R = \frac{\dot{V}_2}{R_2} = \frac{15.24\angle -86.29°}{10} = 1.524\angle -86.29°\,[A]$$
$$\dot{I}_C = j\omega C \dot{V}_2 = j(2\pi \times 50 \times 80 \times 10^{-6}) \times 15.24\angle -86.29°$$
$$= (0.0251 \times 15.24)\angle (90-86.29) = 0.383\angle 3.71\,[A]$$

最後に、$\dot{V}$、$\dot{V}_1$、$\dot{V}_2$、$\dot{I}$、$\dot{I}_R$、$\dot{I}_C$ の関係を示すフェーザ図を画くと、図9-17に示します。

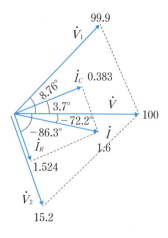

図9-17 $\dot{V}$、$\dot{V}_1$、$\dot{V}_2$、$\dot{I}$、$\dot{I}_R$、$\dot{I}_C$ の関係を示すフェーザ図

答：$\dot{Z} = 19.42 + j60.47\,[\Omega] = 63.51\angle 72.2°\,[\Omega]$、$\dot{V}_1 = 99.9\angle 8.76°\,[V]$、$\dot{V}_2 = 15.24\angle -86.29°\,[V]$、$\dot{I} = 1.57\angle -72.2°\,[A]$、$\dot{I}_R = 1.524\angle -86.29°\,[A]$、$\dot{I}_C = 0.383\angle 3.71\,[A]$

第10章
交流の電力と交流回路網の諸定理

　本章では、正弦波交流が抵抗負荷やキャパシタンスに加わったときの有効電力、無効電力、皮相電力、力率について説明します。また、R、L、C が接続された負荷回路に正弦波交流を加えたときの力率改善について説明します。最後に、交流回路網の諸定理について説明し、具体的な例としてキルヒホッフの法則（キルヒホッフ則）、鳳・テブナンの定理の適用について例題を通して学びます。

10−1 電力と力率

正弦波交流が負荷に加わったときの有効電力、無効電力、皮相電力、力率について説明します。

10−1−1 電力の計算

正弦波交流 v が負荷に加わり電流 i が流れるとします（図10−1）。このとき負荷には、電力 p が流れ込みます。

$$p = v \times i \tag{10-1}$$

正弦波交流 v と i を、次の式（10−2）と式（10−3）で表すと、電力 p は式（10−4）のようになります。

$$v = V_m \sin(\omega t + \theta_v) \tag{10-2}$$

$$i = I_m \sin(\omega t + \theta_v) \tag{10-3}$$

$$p = v \times i = V_m \sin(\omega t + \theta_v) \times I_m \sin(\omega t + \theta_i)$$

$$= \frac{1}{2} V_m I_m \{\cos(\theta_v - \theta_i) - \cos(2\omega t + \theta_v + \theta_i)\} \tag{10-4}$$

または、

$$p = i \times v = I_m \sin(\omega t + \theta_i) \times V_m \sin(\omega t + \theta_v)$$

$$= \frac{1}{2} I_m V_m \{\cos(\theta_i - \theta_v) - \cos(2\omega t + \theta_i + \theta_v)\} \tag{10-5}$$

ここで、V_m、I_m は正弦波交流電圧、電流の最大値です。

$\left(三角関数の公式：\sin x \sin y = \dfrac{1}{2}\{\cos(x-y) - \cos(x+y)\}\right)$ ※注

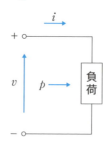

図10−1　正弦波交流を負荷に加えたときの電力

※注：付録Dを参照。

電力 p の式は、一定の正の値 $P=\frac{1}{2}V_mI_m\cos(\theta_v-\theta_i)$ と、正弦波交流 v と i に対し 2 倍の周波数で正負対象に変化する $p'=\frac{1}{2}V_mI_m\cos(2\omega t+\theta_v+\theta_i)$ との差 $P-p'$ であることを意味します。

第 1 項である $P=\frac{1}{2}V_mI_m\cos(\theta_v-\theta_i)$ は、電力 p の平均値になります。

正弦波交流 v と i、電力 p の関係を時間的な変化として表すと、図10－2のようになります。図では $\theta_v=0$ としています。v と i が同じ向きの場合、図10－1に示す v と i の向きまたは v と i がどちらも逆向きの場合は、電力 p は正で、エネルギーは負荷に向かって流れます。これに対して、v と i が逆向きの場合は、電力 p は負で、負荷で一時的に蓄積したエネルギーが電源側に向かって流れ（戻り）ます。これは図10－2の色あみの部分です。

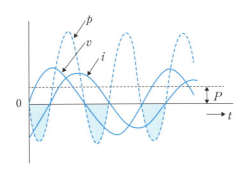

図10－2 正弦波交流 v と i、電力 p の関係を時間的な変化

10－1－2 有効電力

上記の式（10－4）で、第 2 項を 1 周期にわたって平均すると、第 2 項の時間変化は正負対象であるので 0 となります。したがって、式（10－4）は第 1 項（一定の正の値）のみが残ります。

すなわち、1 周期を T とすると、

$$P=\frac{1}{T}\int_{t=0}^{t=T}p\,dt=\frac{1}{2}V_mI_m\cos(\theta_v-\theta_i) \qquad (10-6)$$

となります。この P は、上で述べたように、電力 p の平均値ですが、**有効電力**といいます。

ここで、正弦波交流電圧、電流の実効値を V、I とすると、

$$V = \frac{V_m}{\sqrt{2}}, \quad I = \frac{I_m}{\sqrt{2}} \tag{10-7}$$

となります。

　また、位相角 θ は、

$$\theta = \theta_v - \theta_i \quad または \quad \theta = \theta_i - \theta_v \tag{10-8}$$

となります。

　以上から、式（10-6）と式（10-7）を用いると、有効電力 P は

$$P = VI \cos \theta \tag{10-9}$$

のように表すことができます。有効電力 P の単位は、$[W]$（ワットと発音）または $[J/s]$（J はエネルギーの単位でジュールと発音）です。また、$\cos \theta$ のことを**力率**といいます。

　すなわち、

$$\cos \theta = \frac{P}{VI} \tag{10-10}$$

となります。

10-1-3　無効電力と皮相電力

電圧 V と位相が90°異なる電流 $I \sin \theta$ との積を**無効電力**といいます。

無効電力を P_r とすると、

$$P_r = VI \sin \theta \tag{10-11}$$

です。単位は $[var]$（バールと発音）です。

　また、単に、電圧 V と電流 I の積を、見かけ上の電力という意味で、**皮相電力**といいます。すなわち、

$$P_a = VI \tag{10-12}$$

です。単位は $[VA]$（ボルトアンペアと発音）です。

　ここで、有効電力、無効電力、皮相電力の間には次の関係が成り立ちます（図10-3）。

$$P_a^2 = P_r^2 + P^2 \tag{10-13}$$

$$(VI)^2 = (VI \sin \theta)^2 + (VI \cos \theta)^2 \tag{10-14}$$

したがって、効率 $\cos \theta$ は

$$\cos \theta = \frac{P}{VI} = \frac{VI \cos \theta}{\sqrt{(VI \sin \theta)^2 + (VI \cos \theta)^2}}$$

$$= \frac{有効電力}{\sqrt{(無効電力)^2 + (有効電力)^2}} \tag{10-15}$$

第10章　交流の電力と交流回路網の諸定理

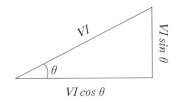

図10-3　有効電力、無効電力、皮相電力のベクトル関係

となります。

　有効電力、無効電力、皮相電力を一般的な表現でまとめると、有効電力は抵抗で消費される電力で、無効電力はインダクタンス L またはキャパシタンス C で一時的に消費される（蓄えられる）電力で、皮相電力は力率 $\cos\theta = 1$ のときの有効電力に相当する電力です。

[例題10-1]
　正弦波交流電圧 $\dot{V} = V\angle\theta_v$ が抵抗 R のみの負荷に加わったときの有効電力、無効電力、皮相電力を求めなさい。

[解答]
　抵抗 R に流れる電流は、
$$\dot{I} = \frac{\dot{V}}{R} = \frac{V\angle\theta_v}{R} = \frac{V}{R}\angle\theta_v \equiv I\angle\theta_i$$
です。すなわち、
$$I = \frac{V}{R}、\theta_i = \theta_v$$
です。
　したがって、位相角 θ は式（10-8）から、
$$\theta = \theta_v - \theta_i、\cos\theta = \cos 0 = 1$$
となります。
　有効電力 P は式（10-9）から、
$$P = VI\cos\theta = V\frac{V}{R}\cos 0 = \frac{V^2}{R}$$
となります。
　次に、無効電力 P_r は式（10-11）で $\sin\theta = \sin 0 = 0$ となるので、
$$P_r = VI\sin\theta = VI\sin 0 = 0$$

10-1 電力と力率

となります。

最後に、皮相電力 P_a は、式（10-12）から
$$P_a = VI = \frac{V^2}{R}$$
となります。皮相電力は、抵抗のみの負荷の場合は有効電力に等しくなります。

答：$P = \dfrac{V^2}{R}$ 、$P_r = 0$ 、$P_a = \dfrac{V^2}{R}$

[例題10-2]
　正弦波交流電圧 $\dot{V} = V \angle \theta_v$ がキャパシタンス C のみの負荷に加わったときの有効電力、無効電力、皮相電力を求めなさい。

[解答]

　キャパシタンス C に流れる電流は、
$$\dot{I} = j\omega C \dot{V} = j\omega CV \angle \theta_v = \omega CV \angle (\theta_v + 90°) \equiv I \angle \theta_i$$
です。すなわち、
$$I = \omega CV, \quad \theta_i = \theta_v + 90°$$
です。

　したがって、位相角 θ は式（10-8）から、
$$\theta = \theta_i - \theta_v = 90°, \quad \cos\theta = \cos 90° = 0$$
となります。

　有効電力 P は式（10-9）から、
$$P = VI\cos\theta = VI\cos 90° = 0$$
となります。

　次に、無効電力 P_r は式（10-11）で $\sin\theta = \sin 90° = 1$ となるので、
$$P_r = VI\sin\theta = V\omega CV \sin 90° = \omega CV^2$$
となります。

　最後に、皮相電力 P_a は式（10-12）から、
$$P_a = VI = \omega CV^2$$
となります。皮相電力は、キャパシタンス C のみの場合は無効電力に等しくなります。

答：$P = 0$ 、$P_r = \omega CV^2$ 、$P_a = \omega CV^2$

[例題10-3]

図10-4に示すように、正弦波交流電圧 $\dot{V}=V\angle\theta_v$ をインピーダンス $\dot{Z}=R+jX=Z\angle\theta_z$ に加えたときの電力 P と無効電力 P_r を求めなさい。

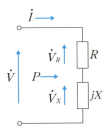

図10-4 正弦波交流電圧 $\dot{V}$ をインピーダンス $\dot{Z}$ に加える（インピーダンス回路）

[解答]

図10-4のインピーダンス回路のフェーザ図とインピーダンス図は図10-5(a)、(b)のようになります。

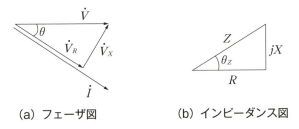

(a) フェーザ図　　　　(b) インピーダンス図

図10-5 インピーダンス回路のフェーザ図とインピーダンス図

正弦波交流電流 $\dot{I}$ を求めます。

$$\dot{I}=\frac{\dot{V}}{\dot{Z}}=\frac{V\angle\theta_v}{Z\angle\theta_z}=\frac{V}{Z}\angle(\theta_v-\theta_z)\equiv I\angle\theta_i \tag{10-16}$$

すなわち、$I=\dfrac{V}{Z}$、$\theta_i=\theta_v-\theta_z$ が得られます。

位相角 θ は、式（10-8）から、

$$\theta=\theta_v-\theta_i=\theta_z \tag{10-17}$$

となり、$\cos\theta$ は図10-5の(b)のインピーダンス図から

$$\cos\theta=\cos\theta_z=\frac{R}{Z} \tag{10-18}$$

となります。

10-1 電力と力率

電力 P は式（10-9）から、

$$P = VI\cos\theta = V\frac{V}{Z}\cos\theta_z = \frac{V^2}{Z}\cos\theta_z$$

$$= \frac{V^2}{Z}\frac{R}{Z} = \frac{V^2}{Z^2}R = I^2R \tag{10-19}$$

となります。

次に、無効電力 P_r を求めます。

式（10-11）から、$\sin\theta = \sin\theta_z = \dfrac{X}{Z}$ となるので、

$$P_r = VI\sin\theta = V\frac{V}{Z}\frac{X}{Z} = \frac{V^2}{Z^2}X = I^2X \tag{10-20}$$

となります。

有効電力 P は式（10-19）から抵抗 R で消費される電力であり、無効電力 P_r は式（10-20）からリアクタンス X で一時的に消費される（蓄えられる）電力であるといえます。

答：$P = I^2R$、$P_r = I^2X$

［例題10-4］

図10-6 に示すように、正弦波交流電圧 $\dot{V} = V\angle\theta_v$ をアドミタンス $\dot{Y} = G + jB = Y\angle\theta_y$ に加えたときの電力 P と無効電力 P_r をを求めなさい。

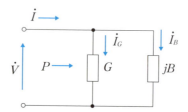

図10-6 正弦波交流電圧 $\dot{V}$ をアドミタンス $\dot{Y}$ に加える（アドミタンス回路）

［解答］

図10-6のアドミタンス回路のフェーザ図とアドミタンス図は図10-7（a）、(b) のようになります。

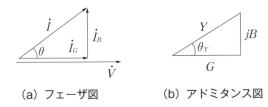

(a) フェーザ図　　　(b) アドミタンス図

図10-7　インピーダンス回路のフェーザ図とアドミタンス図

正弦波交流電流 $\dot{I}$ を求めます。
$$\dot{I} = \dot{Y}\dot{V} = Y\angle\theta_y \times V\angle\theta_v = YV\angle(\theta_y+\theta_v) \equiv I\angle\theta_i \tag{10-21}$$
すなわち、$I=YV$、$\theta_i=\theta_y+\theta_v$ が得られます。

位相角 θ は、式（10-8）から、
$$\theta = \theta_i - \theta_v = \theta_y \tag{10-22}$$
となり、$\cos\theta$ は図10-5（b）のインピーダンス図から
$$\cos\theta = \cos\theta_y = \frac{G}{Y} \tag{10-23}$$
となります。

電力 P は式（10-9）から、
$$P = VI\cos\theta = VYV\cos\theta_z = V^2Y\frac{G}{Y} = V^2G \tag{10-24}$$
となります。

次に、無効電力 P_r を求めます。

式（10-11）から、$\sin\theta = \sin\theta_z = \frac{B}{Y}$ なるので、
$$P_r = VI\sin\theta = VYV\frac{B}{Y} = V^2B \tag{10-25}$$
となります。

有効電力 P は式（10-20）からコンダクタンス G（抵抗の逆数）で消費される電力であり、無効電力 P_r は式（10-25）からサセプタンス B で一時的に消費される（蓄えられる）電力であるといえます。

答：$P = V^2G$、$P_r = V^2B$

10−1 電力と力率

[例題10−5]

図10−6に示すような R、L、C が接続された負荷回路に正弦波交流を加えたときに力率 $\cos\theta = 1$ となるようなキャパシタンス C の値を求めなさい。

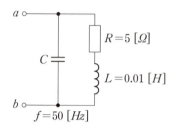

図10−8 R、L、C が接続された負荷回路

[解答]

力率 $\cos\theta = 1$ となるためには、式 (10−17) と式 (10−22) で $\theta = 0$ となればよいことになります。

すなわち、

$$\theta = \theta_z = 0 \,、\, \theta = \theta_y = 0$$

です。

したがって、端子 $a-b$ からみたアドミタンス $\dot{Y} = G + jB$ は、虚数部分であるサセプタンスは $B = 0$ になるので、抵抗成分であるコンダクタンス G のみになります。

具体的に、計算すると次のようになります。

$$\dot{Y} = j\omega C + \frac{1}{R + j\omega L} = j\omega C + \frac{R - j\omega L}{R^2 + (\omega L)^2}$$

$$= \frac{R}{R^2 + (\omega L)^2} + j\omega \left\{ C - \frac{L}{R^2 + (\omega L)^2} \right\} \equiv G + jB$$

ここで、$B = 0$ からキャパシタンス C は、

$$C = \frac{L}{R^2 + (\omega L)^2} = \frac{0.01}{5^2 + (2\pi \times 50 \times 0.01)^2} = 287 \times 10^{-6} [F] = 287 \, [\mu F]$$

となります。

このように、$R-L$ 負荷回路と並列にキャパシタンス C を接続して力率を1に近づけることを**力率改善**といいます。

答：$C = 287 \, [\mu F]$

第10章 交流の電力と交流回路網の諸定理

[例題10-6]

交流電圧 $\dot{V}$ と交流電流 $\dot{I}$ が次のように複素数の指数関数表示で与えられている。ここで、V_{RMS} と I_{RMS} は実効値、θ は位相である。また、電流は電圧より ϕ だけ位相が遅れているとする。交流電圧 $\dot{V}$ と交流電流 $\dot{I}$ の共役複素数 $\bar{\dot{I}}$ の積を求めなさい。

$$\dot{V} = V_{RMS}\, e^{j\theta}$$
$$\dot{I} = I_{RMS}\, e^{j(\theta - \phi)}$$

[解答]

交流電圧 $\dot{V}$ と交流電流 $\dot{I}$ の共役複素数 $\bar{\dot{I}}$ の積を**複素電力**といいます。

$\dot{I} = I_{RMS}\, e^{j(\theta - \phi)}$ の共約複素数は $\bar{\dot{I}} = I_{RMS}\, e^{-j(\theta - \phi)}$ のように表現します。これは、第6章図6-3の複素平面で、複素数 $\dot{C}$ の虚数部が反転した $\bar{\dot{C}}$ が共役複素数であることと同じ意味をもちます。

したがって、複素電力 $\dot{P}$ とすると、オイラーの公式を用いて

$$\dot{P} = \dot{V}\bar{\dot{I}} = V_{RMS}\, e^{j\theta} \cdot I_{RMS}\, e^{-j(\theta - \phi)} = V_{RMS}\, I_{RMS}\, e^{j\phi}$$
$$= V_{RMS}\, I_{RMS}\, \cos\phi + j V_{RMS}\, I_{RMS}\, \sin\phi$$

となります。ここで第1項の $V_{RMS}\, I_{RMS}\, \cos\phi$ は式(10-9)から有効電力に、第2項の $V_{RMS}\, I_{RMS}\, \sin\phi$ は式(10-11)から無効電力になります。

答：$\dot{P} = V_{RMS}\, I_{RMS}\, \cos\phi + j V_{RMS}\, I_{RMS}\, \sin\phi$

10-2 交流回路網の諸定理

交流回路網の諸定理は、直流回路と同じように、以下のようなものがあります。
・キルヒホッフの法則（キルヒホッフ則）
　第1法則（電流則）
　第2法則（電圧則）
・重ね（合わせ）の理
・鳳・テブナンの定理

直流回路の場合の上記の諸定理は第3章、第4章で説明しました。これらの諸定理は、交流回路においても同じように適用できます。交流回路においても、基本的な考え方は同じなので説明は省略します。例題を解いて理解を深めます。

[例題10-7]

図10-9に示す電流の節点で、$\dot{I}_1=10\angle 0°\ [A]$、$\dot{I}_2=20\angle 30°\ [A]$、$\dot{I}_3=10\angle -20°\ [A]$のときの$\dot{I}_4$のフェーザ表示を求めなさい。また、$\dot{I}_1$、$\dot{I}_2$、$\dot{I}_3$、$\dot{I}_4$の関係を示すフェーザ図を分度器を含む方眼紙（図10-10）に画きなさい。

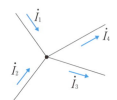

図10-9　交流回路網のキルヒホッフの法則（電流則）

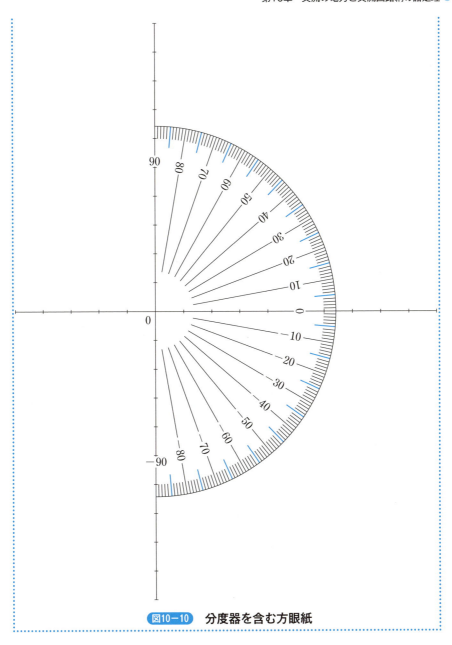

図10−10 分度器を含む方眼紙

[解答]

各岐路電流 $\dot{I}_1$, $\dot{I}_2$, $\dot{I}_3$, $\dot{I}_4$ の関係は、キルヒホッフの法則の第1法則（電流則）から、

$$\dot{I}_1 + \dot{I}_2 = \dot{I}_3 + \dot{I}_4 \tag{10-26}$$

となります。これから

$$\dot{I}_4 = \dot{I}_1 + \dot{I}_2 - \dot{I}_3 \tag{10-27}$$

となります。

$\dot{I}_1$, $\dot{I}_2$, $\dot{I}_3$ のフェーザ表示を複素数表示に直してから、式（10-27）に代入して計算します。

$$\dot{I}_1 = 10\angle 0° = 10\,cos\,0° + j10\,sin\,0° = 10 + j0\,[A]$$
$$\dot{I}_2 = 20\angle 30° = 20\,cos\,30° + j20\,sin\,30° = 17.321 + j10\,[A]$$
$$\dot{I}_3 = 10\angle -20° = 10\,cos\,(-20°) + j10\,sin\,(-20°) = 9.397 - j3.420\,[A]$$
$$\dot{I}_1 + \dot{I}_2 = 27.321 + j10 = \sqrt{27.321^2 + 10^2}\angle tan^{-1}\frac{10}{27.321} = 29.1\angle 20.1°$$

これより、

$$\dot{I}_4 = \dot{I}_1 + \dot{I}_2 - \dot{I}_3 = (10+j0) + 13.420\,(17.321+j10) - (9.397-j3.420)$$
$$= 17.924 + j13.420\,[A]$$
$$= \sqrt{17.924^2 + 13.420^2}\angle tan^{-1}\frac{13.420}{17.924} = 22.4\angle 30.9°$$

$\dot{I}_1$, $\dot{I}_2$, $\dot{I}_3$, $\dot{I}_4$ の関係を示すフェーザ図は図10-11のようになります。

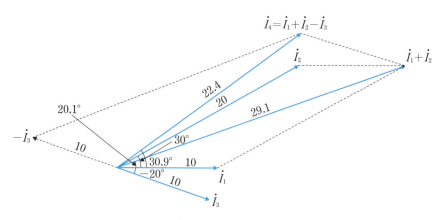

図10-11　$\dot{I}_1$, $\dot{I}_2$, $\dot{I}_3$, $\dot{I}_4$ の関係を示すフェーザ図

答：$\dot{I}_4 = 22.4\angle 30.9°$、図10-11

[例題10－8]

図10-12の交流回路網の端子 $a-b$ 間に電圧 $\dot{V}_O=12\,[V]$ が現れており、端子 $a-b$ 間からみた交流回路網のインピーダンスは $\dot{Z}_0=10+j4\,[\Omega]$ であるとする。端子 $a-b$ 間に抵抗 $R=2\,[\Omega]$ を接続したときの、抵抗 R に流れる電流 $\dot{I}$ と端子 $a-b$ 間の端子電圧 $\dot{V}$ のフェーザ表示を求めなさい。

図10-12 交流回路網の端子 $a-b$ 間に抵抗 R を接続する

[解答]

電流 $\dot{I}$ は、鳳・テブナンの定理から、

$$\dot{I}=\frac{\dot{V}_O}{\dot{Z}_0+R}=\frac{12\angle 0°}{(10+j4)+2}=\frac{12}{12+j4}$$

$$=\frac{12(12-j4)}{12^2+4^2}=\frac{144-j48}{160}=0.9-j0.3$$

$$=\sqrt{0.9^2+0.3^2}\angle-tan^{-1}\frac{0.3}{0.9}=0.949\angle-18.4\,[A]$$

が得られます。

しがたって、端子電圧 $\dot{V}$ は

$$\dot{V}=\dot{I}R=(0.949\angle-18.4°)\times 2=1.898\angle-18.4°$$

となります。

答：$\dot{I}=0.949\angle-18.4\,[A]$、$\dot{V}=1.898\angle-18.4°$

第11章
電磁誘導結合回路

　本章では、2つのコイルが近接して置かれた電磁誘導結合と相互インダクタンスついて説明します。次に、1次側コイルと2次側コイルが作動結合された電磁誘導結合回路について説明します。1次回路と2次回路の回路方程式をキルヒホッフの法則から導きます。また、2次側コイルにインピーダンスを接続した場合の1次側から見たインピーダンスの求め方について例題を通して学びます。

11-1 電磁誘導結合と相互インダクタンス

第2章で、コイルに電流 i を流すと磁束 ϕ がコイルを貫通することを説明したように、コイルを貫通する磁束 ϕ は、コイルに流れる電流 i に比例します。すなわち、次のような関係になります。

$$\phi = Li \qquad (11-1)$$

コイルを貫通する磁束 ϕ は、コイルに流れる電流 i に比例し、比例定数が自己インダクタンス L ということになります。電流が大きくなればコイルを貫通する磁束が増えるという意味です。

したがって、$v = L\dfrac{di}{dt}$ ※注 は次のように表すことができます。

$$v = L\frac{di}{dt} = \frac{d\phi}{dt} \qquad (11-2)$$

コイルに流す電流 i とコイルを貫通する磁束 ϕ の向きは、図11-1のようになります。すなわち、磁束は、電流の流れる向きにネジの先端の進む向きにとったときにネジの回転する向きに生じます。これを**アンペールの右ねじの法則**といいます。

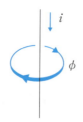

図11-1 電流の流れる向きとコイルを貫通する磁束の向きの関係

次に、2つのコイルが接近して置かれている場合について説明します。図11-2のように、コイル1とコイル2が近接して置かれており、コイル1には電流 i_1 が流れています。このときコイル2には電流は流れていません。電流 i_1 を流したときに生じる磁束 ϕ_1 は、コイル1を鎖交すると同時にその一部がコイル2にも鎖交します。このようなコイル間の結合を**電磁誘導結合**といいます。

※注：第2章の式（2-2）を参照。

第11章 電磁誘導結合回路

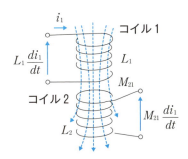

図11-2 2つのコイルが近接して置かれている
（コイル1に電流が流れている場合）

コイル2に鎖交する磁束を ϕ_{21} とすると、磁束 ϕ_{21} は電流 i_1 に比例するので、比例定数を M_{21} とすれば

$$\phi_{21} = M_{21} i_1 \tag{11-3}$$

となります。比例定数 M_{21} をコイル1とコイル2の相互インダクタンスといいます。

この状態で、電流 i_1 が変化すると、磁束 ϕ_1 と ϕ_{21} も変化し、コイル1とコイル2にはその変化を妨げる向きに電磁誘導電圧（電磁誘導起電力）が発生します（レンツの法則から）。

$$v_1 = \frac{d\phi_1}{dt} = L_1 \frac{di_1}{dt} \tag{11-4}$$

$$v_2 = \frac{d\phi_{21}}{dt} = M_{21} \frac{di_1}{dt} \tag{11-5}$$

すなわち、式（11-4）はコイル1に貫通する磁束の変化 $\frac{d\phi_1}{dt}$ を妨げる向きに発生する起電力で、式（11-5）はコイル2に貫通する磁束の変化 $\frac{d\phi_{21}}{dt}$ を妨げる向きに発生する起電力です。

電流 i_1 は正弦波交流であるので、式（11-4）と式（11-5）は複素数の電圧で表現することができます[※注]。図11-2は図11-3のような交流の電気回路に描き直すことができます。

$$v_1 = L_1 \frac{di_1}{dt} \Rightarrow \dot{V}_1 = j\omega L_1 \dot{I}_1 \tag{11-6}$$

※注：第7章の式（7-13）を参照。

11-1 電磁誘導結合と相互インダクタンス

$$v_2 = M_{21}\frac{di_1}{dt} \Rightarrow \dot{V}_2 = j\omega M_{21}\dot{I}_1 \tag{11-7}$$

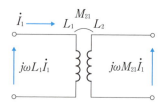

図11-3 2つのコイルの電磁誘導電圧と相互インダクタンス
（コイル1に電流が流れている場合）

次に、コイル1には電流は流れておらず、コイル2に電流 i_2 が流れている場合（図11-4）について説明します。

コイル2に電流 i_2 を流したときに生じる磁束 ϕ_2 は、コイル2を鎖交すると同時にその一部がコイル1にも鎖交します。コイル1に鎖交する磁束を ϕ_{12} とすると、磁束 ϕ_{12} は電流 i_2 に比例するので、比例定数を M_{12} とすれば

$$\phi_{12} = M_{12}\,i_2 \tag{11-8}$$

となります。比例定数 M_{12} は、コイル1とコイル2の**相互インダクタンス**です。

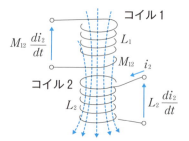

図11-4 2つのコイルが近接して置かれている
（コイル2に電流が流れている場合）

電流 i_2 が変化すると、磁束 ϕ_2 と ϕ_{12} も変化し、コイル2とコイル1にはその変化を妨げる向きに誘導起電力が発生します。L_2 はコイル2の自己インダクタンスです。

$$\frac{d\phi_2}{dt} = L_2\frac{di_2}{dt} \tag{11-9}$$

$$\frac{d\phi_{12}}{dt} = M_{12}\frac{di_2}{dt} \tag{11-10}$$

同様に、複素数で表現すると、

$$v_2 = L_2\frac{di_2}{dt} \Rightarrow \dot{V}_2 = j\omega L_2 \dot{I}_2 \tag{11-11}$$

$$v_1 = M_{12}\frac{di_2}{dt} \Rightarrow \dot{V}_1 = j\omega M_{12} \dot{I}_2 \tag{11-12}$$

となり、電気回路は図11－5のように描くことができます。

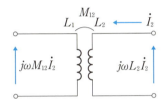

図11－5 2つのコイルの電磁誘導電圧と相互インダクタンス
（コイル2に電流が流れている場合）

ここで、M_{12}とM_{21}は常に等しいので（$M_{12}=M_{21}$）、通常、相互インダクタンスは

$$M(=M_{21}=M_{12})$$

と表します。

[例題11－1]
　コイル1とコイル2が近接して置かれている（図11－6）。両コイル間の相互インダクタンスは$M=0.002$ [H] とする。コイル1に電流$i_1=5\cos 628t$ [A]（tは時間 [s]）が流れているとする。コイル2の端子間に発生する電圧v_2を求めなさい。

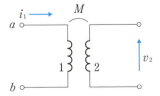

図11－6 両コイルの電圧、電流、相互インダクタンス

11-1 電磁誘導結合と相互インダクタンス

[解答]

コイル2に発生する端子電圧は、式（11-11）から

$$v_2 = M_{21}\frac{di_1}{dt} = M\frac{di_1}{dt} = 0.002 \times \frac{d}{dt}(5\cos 628t)$$

$$= 0.002 \times 5 \times 628 \sin 628t = 6.28 \sin 628t \ [V]$$

となります。

答：$v_2 = 6.28 \sin 628t \ [V]$

[例題11-2]

図11-6のコイル1に電流 $I_1 = 1.5\ [A]$（周波数 $f = 500Hz$）が流れている。このときコイル2の端子間に $V_2 = 14.5\ [V]$ の電圧が発生した。両コイル間の相互インダクタンス M の値を求めなさい。

[解答]

式（11-7）の $\dot{V}_2 = j\omega M_{21}\dot{I}_1 = j\omega M\dot{I}_1$ から

$$M = \frac{V_2}{\omega I_1} = \frac{14.5}{2\pi f \times 1.5} = \frac{14.5}{2\pi \times 500 \times 1.5} = 0.003\ [H] = 3\ [mH]$$

が得られます。

答：$M = 0.003\ [H] = 3\ [mH]$

11-2 電磁誘導結合回路

電磁誘導結合された二つのコイルのコイル1に電源$\dot{E}$を接続し、コイル2の端子にインピーダンス$\dot{Z}$を接続します（図11-7）。電源からコイル1に電流$\dot{I}_1$を流すと、式（11-7）からコイル2に電磁誘導電圧$\dot{V}_2=j\omega M\dot{I}_1$が発生します。この電磁誘導電圧$\dot{V}_2$によりコイル2の端子間に接続されたインピーダンス$\dot{Z}$に電流$\dot{I}_2$が流れます。このとき電源が接続されたコイル1の回路を1次回路、コイル2の回路を2次回路といいます。両回路は磁束ϕを介して結合されています。

このような回路を電磁誘導結合回路といいます。

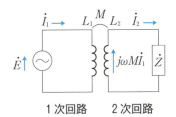

図11-7　電磁誘導結合回路

2つのコイルを同じ向きに巻き、1次側電流i_1と2次側電流i_2を図11-8のようにとります。電流i_1と電流i_2による磁束ϕ_1とϕ_2は互いに反対方向になります（右ネジの法則に従います）。このように磁束が互いに反対方向になるようなコイル間の結合を作動結合といいます。

また、作動結合回路の1次コイルと2次コイルに発生する電磁誘導電圧の関係は図11-9のようになります。

コイル1：$\dot{V}_1=j\omega L_1\dot{I}_1-j\omega M\dot{I}_2$ 　　　　　　　　　（11-13）
コイル2：$\dot{V}_2=-j\omega L_2\dot{I}_2+j\omega M\dot{I}_1$ 　　　　　　　　（11-14）

11-2 電磁誘導結合回路

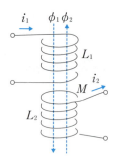

図11−8 コイルの作動結合

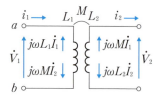

図11−9 作動結合回路の誘導電圧の関係

図11−7の電磁誘導結合回路に、式 (11−13) と式 (11−14) を適用します (図11−10)。1次回路と2次回路の回路方程式は、キルヒホッフの法則から次式が成り立ちます。

$$1次回路：\dot{E} = j\omega L_1 \dot{I}_1 - j\omega M \dot{I}_2 \tag{11−15}$$

$$2次回路：\dot{Z}_2 \dot{I}_2 = -j\omega L_2 \dot{I}_2 + j\omega M \dot{I}_1 \tag{11−16}$$

$$(\dot{V}_2 = \dot{Z}_2 \dot{I}_2)$$

式 (11−16) から $\dot{I}_2 = \dfrac{j\omega M}{j\omega L_2 + \dot{Z}_2} \dot{I}_1$ が得られ、これを式 (11−15) に代入します。

$$\dot{E} = j\omega L_1 \dot{I}_1 - j\omega M \dot{I}_2 = j\omega L_1 \dot{I}_1 - j\omega M \dfrac{j\omega M}{j\omega L_2 + \dot{Z}_2} \dot{I}_1$$

$$= \left(\omega L_1 - j\omega M \dfrac{j\omega M}{j\omega L_2 + \dot{Z}_2} \right) \dot{I}_1 = \left(\omega L_1 + \dfrac{\omega^2 M^2}{j\omega L_2 + \dot{Z}_2} \right) \dot{I}_1$$

したがって、電流 $\dot{I}_1$ は

$$\dot{I}_1 = \dfrac{\dot{E}}{\omega L_1 + \dfrac{\omega^2 M^2}{j\omega L_2 + \dot{Z}_2}} \tag{11−17}$$

が得られ、電源電圧 $\dot{E}$、回路要素 ωL_1、ωL_2、ωM、$\dot{Z}_2$ が与えられれば求めるこ

とができます。また、電流 $\dot{I}_2$ は式（11−16）に電流 $\dot{I}_1$ を代入して求めることができます。

さらに、図11−9の1次側から見たインピーダンス $\dot{Z}_1$ をとすれば、$\dot{Z}_1 = \dfrac{\dot{E}}{\dot{I}_1}$ から

$$\dot{Z}_1 = \omega L_1 + \frac{\omega^2 M^2}{j\omega L_2 + \dot{Z}_2} \tag{11−18}$$

を得ることができます。

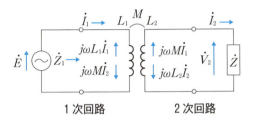

図11−10　電磁誘導結合回路の誘導電圧の関係

[例題11−3]

2つのコイル1、2（自己インダクタンス：$L_1 = 4\,[mH]$、$L_2 = 2\,[mH]$）を電磁結合させたときの相互コンダクタンスは $M = 1\,[mH]$ である。図11−11のように、コイル2を短絡させたときのコイル1の a、b 端子から見たインダクタンスの値を求めなさい。

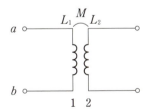

図11−11　コイル2を短絡させた場合

[解答]

題意の回路は、図11−10の電磁誘導結合回路の2次回路を短絡させた場合です（図11−12）。

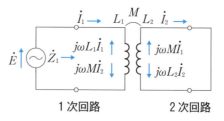

図11-12 電磁誘導結合回路の2次回路を短絡させる

1次回路と2次回路の回路方程式は、キルヒホッフの法則から次式が成り立ちます。

$$1次回路：\dot{E}=j\omega L_1 \dot{I}_1 - j\omega M \dot{I}_2 \quad (11-19)$$
$$2次回路：0=-j\omega L_2 \dot{I}_2 + j\omega M \dot{I}_1 \quad (11-20)$$

式 (11-20) より、$\dot{I}_2 = \dfrac{M}{L_2}\dot{I}_1$ が得られます。これを式 (11-19) に代入します。

$$\dot{E}=j\omega L_1 \dot{I}_1 - j\omega M \dot{I}_2 = j\omega L_1 \dot{I}_1 - j\omega M \dfrac{M}{L_2}\dot{I}_1 = j\omega\left(L_1 - \dfrac{M^2}{L_2}\right)\dot{I}_1$$

1次側から見たインピーダンスを $\dot{Z}_1$ は、

$$\dot{Z}_1 = \dfrac{\dot{E}}{\dot{I}_1} = j\omega\left(L_1 - \dfrac{M^2}{L_2}\right)$$

が得られます。

ここで、$\dot{Z}_1 = j\omega\left(L_1 - \dfrac{M^2}{L_2}\right) = j\omega L_e$ とおいた L_e を**等価自己インダクタンス**といいます。題意の数値を代入すると等価自己インダクタンス L_e は

$$L_e = L_1 - \dfrac{M^2}{L_2}$$
$$= 4 - \dfrac{1^2}{2} = 3.5 \ [mH]$$

が得られます。

答：$L_e = 3.5 \ [mH]$

[例題11−4]

図11−13の電磁誘導結合回路において、$L_1 = 10\,[mH]$、$L_2 = 4\,[mH]$、$M = 2\,[mH]$、$R = 100\,[\Omega]$、$C = 3\,[\mu F]$、周波数 $f = 500\,[Hz]$ とのとき、1次側（端子 a−b）から見たインピーダンス $\dot{Z}_1$ の複素数表示および極表示を求めなさい。また、1次側に、$\dot{E} = 20\angle 0°\,[V]$（$f = 500\,[Hz]$）の電圧を加えたときの電流 $\dot{I}_1$、$\dot{I}_2$、電圧 $\dot{V}_2$ のフェーザ表示を求めなさい。

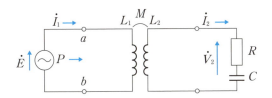

図11−13 2次側にインピーダンス（$R-C$ 直列回路）を接続する

[解答]

1次回路と2次回路の回路方程式は、キルヒホッフの法則から次式が成り立ちます。

$$1\text{次回路}: \dot{E} = j\omega L_1 \dot{I}_1 - j\omega M \dot{I}_2 \qquad (11-21)$$

$$2\text{次回路}: \left(R + \frac{1}{j\omega C}\right)\dot{I}_2 = -j\omega L_2 \dot{I}_2 + j\omega M \dot{I}_1 \qquad (11-22)$$

$$\dot{V}_2 = \dot{Z}_2 \dot{I}_2 = \left(R + \frac{1}{j\omega C}\right)\dot{I}_2$$

式 (11−22) より、$\dot{I}_2 = \dfrac{j\omega M}{R + j\left(\omega L_2 - \dfrac{1}{\omega C}\right)} \dot{I}_1$ が得られます。これを式 (11−21) に代入します。

$$\dot{E} = j\omega L_1 \dot{I}_1 - j\omega M \dfrac{j\omega M}{R + j\left(\omega L_2 - \dfrac{1}{\omega C}\right)} \dot{I}_1 = j\omega L_1 \dot{I}_1 + \dfrac{\omega^2 M^2}{R + j\left(\omega L_2 - \dfrac{1}{\omega C}\right)} \dot{I}_1$$

1次側から見たインピーダンスを $\dot{Z}_1$ は、

$$\dot{Z}_1 = \dfrac{\dot{E}}{\dot{I}_1} = j\omega L_1 + \dfrac{\omega^2 M^2}{R + j\left(\omega L_2 - \dfrac{1}{\omega C}\right)}$$

$$= j(2\times\pi\times 500)\times 10\times 10^{-3}$$
$$+\cfrac{(2\times\pi\times 500)^2\times(2\times 10^{-3})^2}{100+j\left(2\times\pi\times 500\times 4\times 10^{-3}-\cfrac{1}{2\times\pi\times 500\times 3\times 10^{-6}}\right)}$$

$$=j31.42+\frac{39.48}{100-j93.54}=j31.42+\frac{39.48\times(100+j93.54)}{100^2+93.54^2}$$

$$=j31.48+\frac{3948+j3693}{18750}=0.211+j31.7\ [\Omega]$$

$$=\sqrt{0.211^2+31.7^2}\angle tan^{-1}\left(\frac{31.7}{0.211}\right)^\circ=31.7\angle 89.6°\ [\Omega]$$

$$\dot{I}_1=\frac{\dot{E}}{\dot{Z}_1}=\frac{20\angle 0°}{31.7\angle 89.6°}=0.631\angle-89.6°\ [A]$$

$$\dot{I}_2=\frac{j\omega M}{R+j\left(\omega L_2-\cfrac{1}{\omega C}\right)}\dot{I}_1$$

$$+\cfrac{j(2\times\pi\times 500)\times 2\times 10^{-3}}{100+j\left(2\times\pi\times 500\times 4\times 10^{-3}-\cfrac{1}{2\times\pi\times 500\times 3\times 10^{-6}}\right)}\times 0.631\angle-89.6°$$

$$=\frac{j6.283}{100-j93.54}\times 0.631\angle-89.6°$$

$$=\frac{j6.283}{\sqrt{100^2+93.54^2}\angle-\tan^{-1}\cfrac{93.54}{100}}\times 0.631\angle-89.6°$$

$$=\frac{6.283\angle 90°}{136.93\angle-43.1°}\times 0.631\angle-89.6°=0.029\angle 43.5°\ [A]$$

$$\dot{V}_2=\left(R+\frac{1}{j\omega C}\right)\dot{I}_2=\left(100-j\frac{1}{2\times\pi\times 500\times 3\times 10^{-6}}\right)\times 0.029\angle 43.5°$$

$$=(100-j106)\times 0.029\angle 43.5°=\sqrt{100^2+106^2}\angle-tan^{-1}\frac{106}{100}\times 0.029\angle 43.5°$$

$$=145.7\angle-46.7°\times 0.029\angle 43.5°=4.23\angle-3.2°\ [V]$$

答：$\dot{Z}_1=0.211+j31.7\ [\Omega]=31.7\angle 89.6°\ [\Omega]$、$\dot{I}_1=0.631\angle-89.6°\ [A]$、
$\dot{I}_2=0.029\angle 43.5°\ [A]$、$\dot{V}_2=4.23\angle-3.2°\ [V]$

第12章
変圧器結合回路と変圧器の実験

　第11章では、2つのコイルが近接して置かれた電磁誘導結合と相互インダクタンス、1次側コイルと2次側コイルが作動結合された電磁誘導結合回路について説明しました。本章では、さらに一歩進めて、電磁誘導結合の結合度合い、変圧器結合と変圧器結合回路、変圧器結合回路の等価回路と近似的等価回路について説明します。次に、電磁誘導結合の応用例として、変圧器を使用した無負荷時と実負荷時の実験例について紹介します。

12−1 電磁誘導結合回路

最初に、電磁誘導結合の結合度合い、変圧器結合と変圧器結合回路、変圧器結合回路の等価回路について説明します。

12−1−1 電磁誘導結合の結合度合い

近接した2つのコイルが近接するほど両コイルの相互インダクタンス M の値は大きくなります。1つのコイルを貫通する磁束がもう1つのコイルに全部貫通すれば M の値は最大になります。しかし、一般には、全部は貫通しないで外部に漏れてしまいます。これを漏れ磁束といいます。

2つのコイルの自己インダクタンスを L_1、L_2 とすれば、次のようになります。

漏れ磁束がないとき：$M=\sqrt{L_1L_2}$ または $M^2=L_1L_2$　　　（12−1）

漏れ磁束があるとき：$M<\sqrt{L_1L_2}$ または $M^2<L_1L_2$　　　（12−2）

ここで、M の値が $\sqrt{L_1L_2}$ に近いとき（$M\approx\sqrt{L_1L_2}$）、2つのコイルは密結合といい、$M\ll\sqrt{L_1L_2}$ ときは疎結合といいます。

12−1−2 変圧器結合

2つのコイルを近接した状態では、漏れ磁束が多いので、図12−1のようにコイルの中に環状の鉄心を入れます。鉄心を入れることにより、磁束は外部に漏れないですべて鉄心の中だけを通るので、両コイルを離してもコイル1を通る磁束はほとんどすべてコイル2を通ります。この場合、両コイルは密結合になります。鉄心を入れたこのような電磁誘導結合を変圧器結合といいます。変圧器結合をもった結合器を、一般に変圧器またはトランスといいます。通常、市販されている変圧器は、密結合の空心状態の2つのコイルの中に環状鉄心を入れて仕上げています（図12−2、写真12−1）。

第12章　変圧器結合回路と変圧器の実験

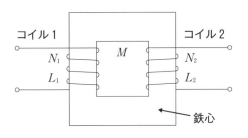

図12－1　変圧器結合

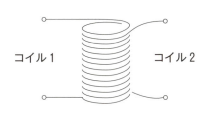

図12－2　密結合の2つのコイル
　　　　　（空心状態）

写真12－1　変圧器の例

コイル1の自己インダクタンスを L_1、巻数を N_1 回とすると、

$$L_1 = BN_1^2 \qquad (12-3)$$

の関係が成り立ちます。すなわち、自己インダクタンス L_1 は巻数 N_1 の2乗に比例します。ここで、比例定数 B は、鉄心の材料と構造、寸法で決まります。

同じように、コイル2についても自己インダクタンス L_2 は巻数を N_2 とすれば、同じ鉄心なので

$$L_2 = BN_2^2 \qquad (12-4)$$

が成り立ちます。

また、2つのコイルの相互インダクタンス M は、式（12－3）と式（12－4）から

$$M = \sqrt{L_1 L_2} = \sqrt{B^2 N_1^2 N_2^2} = BN_1 N_2 \qquad (12-5)$$

となります。

12－1－3　変圧器結合回路

変圧器結合を回路図として表したものを**変圧器結合回路**といいます（図12－

3)。鉄心は、コイル間の2本の線で表現します。変圧器結合回路では、$M=\sqrt{L_1 L_2}$ の関係が成り立つことが前提になります。

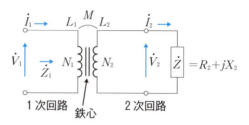

図12−3 変圧器結合回路

1次側からみたインピーダンス $\dot{Z}_1$ は、第11章の式（11−17）の

$$\dot{I}_1 = \frac{\dot{E}}{j\omega L_1 + \dfrac{\omega^2 M^2}{j\omega L_2 + \dot{Z}_2}}$$

から

$$\dot{Z}_1 = \frac{\dot{V}_1}{\dot{I}_1} = j\omega L_1 + \frac{\omega^2 M^2}{j\omega L_2 + \dot{Z}_2} = j\omega L_1 + \frac{\omega^2 L_1 L_2}{j\omega L_2 + \dot{Z}_2}$$

$$= \frac{-\omega^2 L_1 L_2 + j\omega L_1 \dot{Z}_2 + \omega^2 L_1 L_2}{j\omega L_2 + \dot{Z}_2} = \frac{j\omega L_1 \dot{Z}_2}{j\omega L_2 + \dot{Z}_2} \quad (12-6)$$

が得られます。

1次側からみたアドミタンス $\dot{Y}_1$ は

$$\dot{Y}_1 = \frac{1}{\dot{Z}_1} = \frac{j\omega L_2 + \dot{Z}_2}{j\omega L_1 \dot{Z}_2} = \frac{L_2}{L_1 \dot{Z}_2} + \frac{1}{j\omega L_1} = \frac{1}{\left(\dfrac{L_1}{L_2}\right)\dot{Z}_2} + \frac{1}{j\omega L_1} \quad (12-7)$$

となります。

ここで、式（12−3）と式（12−4）から、巻数比を $\dfrac{N_1}{N_2}=n$ とすると、

$$\frac{L_1}{L_2} = \frac{BN_1^2}{BN_2^2} = \left(\frac{N_1}{N_2}\right)^2 = n^2 \quad (12-8)$$

が得られます。

したがって、インピーダンス $\dot{Z}_1$ とアドミタンス $\dot{Y}_1$ は

$$\dot{Y}_1 = \frac{1}{\left(\frac{L_1}{L_2}\right)\dot{Z}_2} + \frac{1}{j\omega L_1} = \frac{1}{n^2 \dot{Z}_2} + \frac{1}{j\omega L_1} \tag{12-9}$$

$$\dot{Z}_1 = \left(\frac{1}{n^2 \dot{Z}_2} + \frac{1}{j\omega L_1}\right)^{-1} \tag{12-10}$$

となります。この2つの式からインピーダンス $\dot{Z}_1$ とアドミタンス $\dot{Y}_1$ は、インピーダンス $j\omega L_1$ と $n^2\dot{Z}_2$ が並列接続された回路の合成インピーダンスまたは合成アドミタンスに等しいといえます。

このことから変圧器結合回路の1次側からみた<u>等価回路</u>は、図11-4のようになります。$\dot{I}_0$ は1次側コイルに流れ、磁束を発生させる電流で<u>励磁電流</u>といいます。等価回路の $j\omega L_1$ は、変圧器の1次コイルの自己インダクタンス L_1 のインピーダンスであり、$n^2\dot{Z}_2$ は2次側の負荷インピーダンス $\dot{Z}_2$ を1次側に変換したインピーダンスで、巻数比の2乗倍に等しくなります。

通常、変圧器は自己インダクタンス L_1 を十分大きくして、$\omega L_1 \gg n^2\dot{Z}_2$ になるようにするので、励磁電流 $\dot{I}_0$ は電流 $\dot{I}_1$ に対して無視でき、近似的に図12-5のような等価回路になります。このような等価回路を<u>近似的等価回路</u>といいます。近似的等価回路では、1次側からみたインピーダンス $\dot{Z}_1$ は、

$$\dot{Z}_1 \approx n^2 \dot{Z}_2 = n^2 R_2 + jn^2 X_2 \tag{12-11}$$

となります。

漏れ磁束がなく（$M^2 = L_1 L_2$）、近似的等価回路が成り立つような変圧器を<u>理想変圧器</u>といいます。

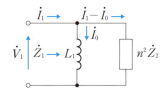

図12-4 変圧器結合回路の等価回路

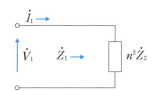

図12-5 変圧器結合回路の近似的等価回路

12−1 電磁誘導結合回路

> **[例題12−1]**
> 変圧器結合回路（図12−3）の2次側端子電圧 $\dot{V}_2$ を求めなさい。また、変圧器の電圧比 $\dfrac{\dot{V}_1}{\dot{V}_2}$ と巻数比の関係を求めなさい。ただし、漏れ磁束がないとする。

[解答]

第11章の式（11−16）から

$$\dot{I}_2 = \frac{j\omega M}{j\omega L_2 + \dot{Z}_2}\dot{I}_1$$

が得られます。これに、第11章式（11−17）の $\dot{I}_1$ を代入すると次式が得られます。

$$\dot{V}_2 = \dot{Z}_2 \dot{I}_2 = \dot{Z}_2 \frac{j\omega M}{j\omega L_2 + \dot{Z}_2}\dot{I}_1 = \dot{Z}_2 \frac{j\omega M}{j\omega L_2 + \dot{Z}_2} \frac{\dot{V}_1}{j\omega L_1 + \dfrac{\omega^2 M^2}{j\omega L_2 + \dot{Z}_2}}$$

$$= \dot{Z}_2 \frac{j\omega M \dot{V}_1}{j\omega L_1(j\omega L_2 + \dot{Z}_2) + \omega^2 M^2} = \dot{Z}_2 \frac{j\omega \sqrt{L_1 L_2}\,\dot{V}_1}{-\omega^2 L_1 L_2 + j\omega L_1 \dot{Z}_2 + \omega^2 L_1 L_2}$$

$$= \frac{\dot{Z}_2 j\omega \sqrt{L_1 L_2}\,\dot{V}_1}{j\omega L_1 \dot{Z}_2} = \sqrt{\frac{L_2}{L_1}}\,\dot{V}_1 = \frac{N_2}{N_1}V_1 \qquad (12-12)$$

すなわち、$\dfrac{\dot{V}_1}{\dot{V}_2} = \dfrac{N_1}{N_2} = n$ となります。この関係は変圧器の電圧比を表す式として使われます。

$$\text{答：} \dot{V}_2 = \frac{N_2}{N_1}\dot{V}_1、\quad \frac{\dot{V}_1}{\dot{V}_2} = \frac{N_1}{N_2} = n$$

> **[例題12−2]**
> 理想変圧器において1次側と2次側の電流比 $\dfrac{\dot{I}_1}{\dot{I}_2}$ と巻数比の関係を求めなさい。

[解答]

2次側電流は $\dot{I}_2$ は、理想変圧器の等価インピーダンス（$\dot{Z}_1 \approx n^2 \dot{Z}_2$）を使って

$$\dot{I}_2 = \frac{\dot{V}_2}{\dot{Z}_2} = \frac{\dfrac{1}{n}\dot{V}_1}{\dot{Z}_2} = n\frac{\dot{V}_1}{n^2 \dot{Z}_2} \approx n\frac{\dot{V}_1}{\dot{Z}_1} = n\dot{I}_1$$

となります。

すなわち、$\dfrac{\dot{I}_1}{\dot{I}_2} = \dfrac{N_2}{N_1} = \dfrac{1}{n}$ となります。この関係も変圧器の電流比を表す式として使われます。

答：$\dfrac{\dot{I}_1}{\dot{I}_2} = \dfrac{N_2}{N_1} = \dfrac{1}{n}$

[例題12－3]

図12－6に示す変圧器結合回路（コイルの巻数比：$n = \dfrac{N_1}{N_2} = 2$）において、以下の①～⑥の値をフェーザ表示で求めなさい、ただし、理想変圧器として扱うこと。

① 端子 $a-b$ からみた1次側のインピーダンス $\dot{Z}_1$
② 電源からみた全インピーダンス $\dot{Z}$
③ 1次側電流 $\dot{I}_1$
④ 1次側電圧 $\dot{V}_1$
⑤ 2次側電圧 $\dot{V}_2$
⑥ 2次側電流 $\dot{I}_2$

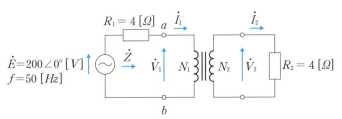

図12－6 変圧器結合回路の例1

[解答]

① 式（12－11）から $\dot{Z}_1 \approx n^2 \dot{Z}_2 = \left(\dfrac{N_1}{N_2}\right)^2 \dot{Z}_2 = 2^2 \times 4 = 16 + j0 = 16 \angle 0° [\Omega]$

② $\dot{Z} = R_1 + \dot{Z}_1 = 4 + (16 + j0) = 20 + j0 = 20 \angle 0° [\Omega]$

③ $\dot{I}_1 = \dfrac{\dot{E}}{\dot{Z}} = \dfrac{200 \angle 0°}{20 \angle 0°} = 10 \angle 0° [A]$

④ $\dot{V}_1 = \dot{Z}_1 \dot{I}_1 = 16 \angle 0° \times 10 \angle 0° = 160 \angle 0° [V]$

⑤ $\dot{V}_2 = \dfrac{1}{n} \dot{V}_1 = \dfrac{1}{2} \times 160 \angle 0° = 80 \angle 0° [V]$

⑥ $\dot{I}_2 = n\dot{I}_1 = 2 \times 10\angle 0° = 20\angle 0°\,[V]$

答：① $\dot{Z}_1 = 16\angle 0°\,[\Omega]$、② $\dot{Z} = 20\angle 0°\,[\Omega]$、③ $\dot{I}_1 = 10\angle 0°\,[A]$、
④ $\dot{V}_1 = 160\angle 0°\,[V]$、⑤ $\dot{V}_2 = 80\angle 0°\,[V]$、⑥ $\dot{I}_2 = 20\angle 0°\,[V]$

[例題12-4]

図12-7に示す変圧器結合回路（コイルの巻数比：$n = \dfrac{N_1}{N_2} = 2$）において、以下の①～⑤の値をフェーザ表示で求めなさい、ただし、理想変圧器として扱うこと。

① $\dot{Z}_2$ の複素数表示と極表示
② 2次側電圧 $\dot{V}_2$ のフェーザ表示
③ 2次側電流 $\dot{I}_2$ のフェーザ表示
④ 近似的等価回路の1次側電流 $\dot{I}_1$ のフェーザ表示
⑤ 励磁電流 $\dot{I}_0$ のフェーザ表示

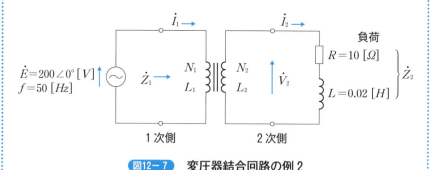

図12-7 変圧器結合回路の例2

[解答]

① $\dot{Z}_2 = R + j\omega L = 10 + j2\pi \times 50 \times 0.02 = 10 + j6.28 = 11.8\angle 32.1°\,[\Omega]$

② $\dot{Z}_1 = n^2 \dot{Z}_2 = 2^2 \times (10 + j6.28) = 47.2\angle 32.1°\,[A]$

$\dot{I}_1 = \dfrac{\dot{V}_1}{\dot{Z}_1} = \dfrac{200\angle 0°}{47.2\angle 32.1°} = 4.24\angle -32.1°\,[A]$、

$\dot{I}_2 = n\dot{I}_1 = 2 \times 4.24\angle -32.1° = 8.48\angle -32.1°\,[A]$

$\dot{V}_2 = \dot{Z}_2 \dot{I}_2 = 11.8\angle 32.1° \times 8.48\angle -32.1° = 100\angle 0°\,[V]$

③ $\dot{I}_2 = \dfrac{\dot{V}_2}{\dot{Z}_2} = \dfrac{100\angle 0°}{11.8\angle 32.1°} = 8.48\angle -32.1°\,[A]$

④ $\dot{I}_1 = \dfrac{\dot{V}_1}{\dot{Z}_1} = \dfrac{200\angle 0°}{47.2\angle 32.1°} = 4.24\angle -32.1°\,[A]$

⑤ $\dot{I}_0 = \dfrac{\dot{V}_1}{j\omega L} = \dfrac{200\angle 0°}{j2\pi\times 50\times 10} = -j0.0637 = 0.0637\angle -90°\,[A]$

答：① $\dot{Z}_2 = 11.8\angle 32.1°\,[\Omega]$、② $\dot{V}_2 = 100\angle 0°\,[V]$、③ $\dot{I}_2 = 8.48\angle -32.1°\,[A]$、
　　　　　④ $\dot{I}_1 = 4.24\angle -32.1°\,[A]$、⑤ $\dot{I}_0 = 0.0637\angle -90°\,[A]$

12-2 変圧器の実験

市販の変圧器（1次側：200V、2次側：100V、定格電流：10A）を使用して、最初に、1次側を開放し、2次側に交流電圧を加えたときの無負荷時の実験例について説明します。次に、2次側に負荷として抵抗のみを接続した場合と、抵抗とインダクタンスの並列回路を接続した場合の実負荷時の実験例を説明します。これらの実験を通して、鉄損、負荷時電力損、効率、電圧変動率などについて理解することができます。

12-2-1 無負荷実験

変圧器の無負荷時に測定される無負荷損失の測定例について説明します。

測定回路を図12-8に示します。変圧器は2次側を入力として、電力計 W_1 を介してスライダックに接続します。電力計 W_1 は無負荷損失 W_0、すなわち鉄損を測定します。電圧計 V_1 と V_2、電流計 I_1 を図12-8のように接続します。スライダックを回して入力電圧を $AC10V$ から $10V$ きざみで $100V$ まで可変して変圧器の2次側に加えていきます。

このときの入力電圧 V_1 と入力電流 I_1 を測定します。変圧器の出力側（1次側）の電圧 V_2 は $V_1=100V$ のときのみに測定し、変圧比（または電圧比）$a = \dfrac{V_2}{V_1}$ を求めます。

測定結果を表12-1、図12-9、図12-10に示します。

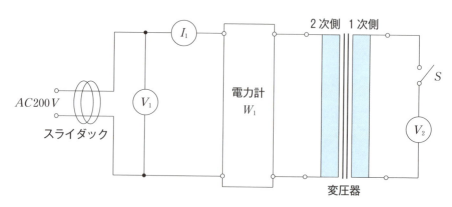

図12-8　変圧器の無負荷実験回路

表12-1　変圧器の無負荷実験

$V_1(V)$	$I_1(A)$	$W_0(W)$	$V_2(V)$
10	0.020	0.2	—
20	0.060	1.2	—
30	0.095	2.9	—
40	0.110	4.4	—
50	0.123	6.2	—
60	0.143	8.6	—
70	0.165	11.6	—
80	0.202	16.2	—
90	0.244	22.0	—
100	0.315	31.5	197

　入力電流 I_1 は、入力電圧 V_1 とともに漸増していきます。また、無負荷損 W_0 は入力電流 I_1 にほぼ比例して大きくなります。これが鉄損の具体的な値になります。

　変圧比は、実験結果から

$$a = \frac{V_2}{V_1} = \frac{197}{100} = 1.97$$

が得られます。

　変圧比の計算値は、変圧器の公称電圧比 $\left(V_1 = 100V、V_2 = 200V から \frac{V_2}{V_1} = 2\right)$ に近い値が得られます。

12-2 変圧器の実験

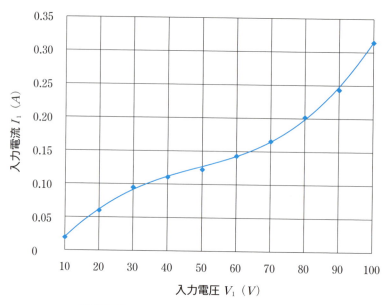

図12-9　入力電圧 V_1 と入力電流 I_1 の関係

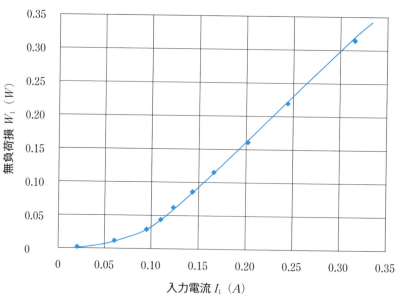

図12-10　入力電圧 V_1 と無負荷損失 W_0 の関係

12−2−2　実負荷実験

　測定回路を図12−11に示します。変圧器の1次側には、電圧計と電流計、電力計、2次側にはこれらの測定器に加えて力率計を接続します。負荷となる抵抗は可変型負荷抵抗器を、インダクタンスは可変型リアクトルを使用します。

　具体的な測定方法は次のようにします。

　最初は、変圧器の2次側に負荷抵抗のみを接続し（力率$cos\theta=1$となる）、抵抗値を可変していきます。すなわち、変圧器の2次側電流I_2を可変していきます。このときの1次側電流I_1、1次側と2次側の電力W_1、W_2、2次側電圧V_2の各値を測定します。なお、測定中は、変圧器の1次側電圧V_1はスライダックで調整し、常に一定の定格電圧（$AC200V$）が加わるようにします。

　次に、負荷抵抗に可変型リアクトルを並列接続し、力率が常に$cos\theta=0.8$になるように負荷抵抗とリアクトルの両方を調整します※注。この状態で、変圧器の2次側電流I_2を可変し、同様の測定をします。

　抵抗負荷のみを接続した場合の測定結果を表12−2に、負荷抵抗に可変型リアクトルを並列接続した場合の測定結果を表12−3に示します。

　効率η(%)と電圧変動率γ(%)は、次の式で計算します。

$$\eta = \frac{W_2}{W_1} \times 100 \tag{12-13}$$

$$\gamma = \frac{100-V_2}{V_1} \times 100 \tag{12-14}$$

　　　（2次側定格電圧$100V$）

　また、力率θをパラメータに、2次側電流I_2と1次側電流I_1の関係を図12−12に、2次側電流I_2と1次側電力W_1の関係を図12−13に、2次側電流I_2と2次側電力W_2の関係を図12−14に、2次側電流I_2と効率ηの関係を図12−15に、2次側電流I_2と電圧変動率γの関係を図12−16に示します。

　実負荷実験で測定した1次側電力W_1（または2次側電力W_2）は、巻線抵抗による抵抗損（銅損という）と鉄損（無負荷時に測定される無負荷損失）の和によるものです。この電力損を負荷時電力損といいます。

　2次側電流I_2が大きくなると、1次側電流I_1、1次側電力W_1、2次側電力W_2が大きくなります。2次側電流I_2に対する1次側電流I_1の変化は、力率θによる差異はほとんどありませんが、2次側電流I_2に対する1次側電力W_1と2次側電力W_2は、効率$\theta=0$の場合が$\theta=0.8$の場合に比べると大きくなります。効率ηと電圧変動率γについては、力率θによる顕著な差異はありません。

※注：力率$cos\theta$については、第10章の式（10−10）で説明しています。

12-2 変圧器の実験

このように具体的に、変圧器の鉄損、負荷時電力損、効率、電圧変動率を測定することができました。

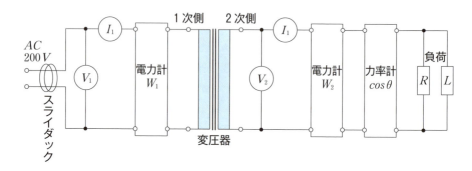

図12−11 変圧器の実負荷実験回路

表12−2 変圧器の実負荷実験（負荷抵抗のみを接続した場合）

$V_1(V)$	$I_2(A)$	$I_1(A)$	$W_1(W)$	$V_2(V)$	$W_2(W)$	$\eta(\%)$	$\gamma(\%)$	$\cos\theta$
200	2.5	1.35	262	99.9	223	85.1	0.10	1
	5.0	2.63	520	99.2	453	87.1	0.81	
	7.5	3.80	770	98.8	731	94.9	1.21	
	10.0	5.12	1024	97.8	955	93.3	2.25	
	12.5	6.38	1270	96.4	1185	93.3	3.73	

表12−3 変圧器の実負荷実験（リアクトルを並列接続した場合）

$V_1(V)$	$I_2(A)$	$I_1(A)$	$W_1(W)$	$V_2(V)$	$W_2(W)$	$\eta(\%)$	$\gamma(\%)$	$\cos\theta$
200	2.5	1.40	220	99.9	190	86.4	0.10	0.8
	5.1	2.73	424	99.4	395	93.2	0.60	
	7.6	3.95	620	98.2	575	92.7	1.83	
	10.2	5.20	820	97.1	765	93.3	2.99	
	12.4	6.35	1000	96.2	923	92.3	3.95	

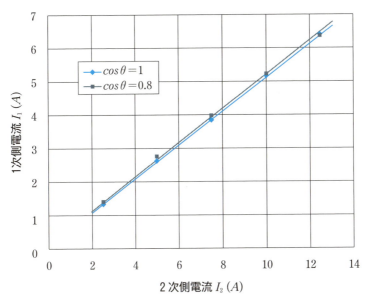

図12-12 2次側電流 I_2 と1次側電流 I_1 の関係

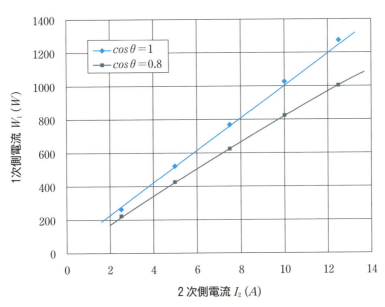

図12-13 2次側電流 I_2 と1次側電力 W_1 の関係

● 12-2 変圧器の実験

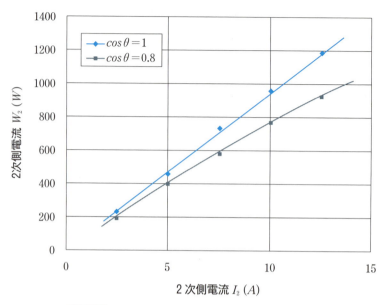

図12-14 2次側電流 I_2 と2次側電力 W_2 の関係

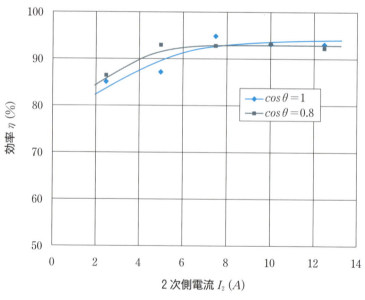

図12-15 2次側電流 I_2 と力率 η の関係

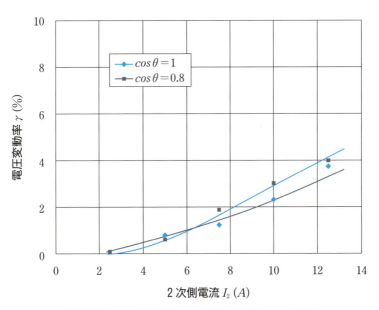

図12−16 2次側電流 I_2 と電圧変動率 γ の関係

第13章
交流回路の周波数特性

　本章では、最初に、回路要素である抵抗、インダクタンス、キャパシタンスの周波数特性について説明し、回路要素を組み合わせた直並列回路の周波数特性について説明します。次に、角周波数を変化させたときのインピーダンスとアドミタンスの複素平面上の軌跡について説明します。複素平面を直角座表に置き換えてフリーハンドで軌跡を描くことによりこれらの周波数特性を理解することができます。

13−1 抵抗、インダクタンス、キャパシタンスの周波数特性

最初に、回路要素である抵抗、インダクタンス、キャパシタンスのみの交流回路において角周波数を変化させたときのインピーダンスとアドミタンスの周波数特性について説明します。

13−1−1 抵抗の周波数特性

交流回路は図13−1のようになります。抵抗 R のみの回路です。このときのインピーダンスは、

$$\dot{Z}=R+j0=R\angle 0° \tag{13−1}$$

となります。このように $\dot{Z}$ は角周波数 ω を含まないので、ω にかかわらず常に一定となります。したがって、$\dot{Z}$ の周波数特性は、図13−2のようになります。

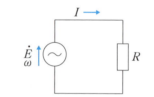

図13−1　抵抗のみの交流回路

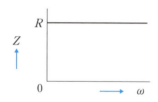

図13−2　抵抗の周波数特性

13−1−2 インダクタンスの周波数特性

交流回路は図13−3のようになります。インダクタンス L のみの回路です。このときのインピーダンスは、

$$\dot{Z}=j\omega L=\omega L\angle 90° \tag{13−2}$$

となります。このように $\dot{Z}$ は角周波数 ω に比例し、位相 θ は常に90°一定になります。したがって、$\dot{Z}$ の周波数特性は、図13−4のように直線になります。

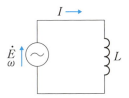

図13−3 インダクタンスのみの交流回路

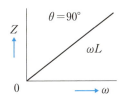

図13−4 インダクタンスの周波数特性

13−1−3　キャパシタンスの周波数特性

交流回路は図13−5のようになります。キャパシタンス C のみの回路です。このときのインピーダンスは、

$$\dot{Z} = \frac{1}{j\omega C} = -j\frac{1}{\omega C} = \frac{1}{\omega C} \angle -90° \qquad (13-3)$$

となります。このように $\dot{Z}$ は角周波数 ω に反比例し、位相 θ は常に $-90°$ 一定になります。したがって、$\dot{Z}$ の周波数特性は、図13−6のように反比例曲線である双曲線になります。

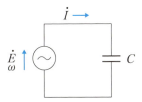

図13−5 キャパシタンスのみの交流回路

● 13－1　抵抗、インダクタンス、キャパシタンスの周波数特性

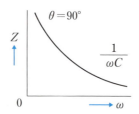

図13－6　キャパシタンスの周波数特性

[例題13－1]

①図13－1（抵抗 R のみの回路）、②図13－3（インダクタンス L のみの回路）、③図13－5（キャパシタンス C のみの回路）のアドミタンスの周波数特性を図示しなさい。

[解答]

①の式（13－1）のアドミタンスは、

$$\dot{Y} = \frac{1}{\dot{Z}} = \frac{1}{R\angle 0°} = \frac{1}{R} \angle 0° \qquad (13-4)$$

となります。このように $\dot{Y}$ は角周波数 ω を含まないので、ω にかかわらず常に一定となります。すなわち、コンダクタンス $G = \frac{1}{R}$ は一定になります。したがって、$\dot{Y}$ の周波数特性は、図13－7のようになります。

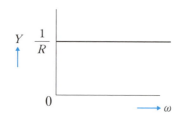

図13－7　コンダクタンス G の周波数特性

②の式（13－2）のアドミタンスは、

$$\dot{Y} = \frac{1}{\dot{Z}} = \frac{1}{j\omega L} = \frac{1}{\omega L} \angle -90° \qquad (13-5)$$

となります。このように $\dot{Y}$ は角周波数 ω に反比例し、位相 θ は常に $-90°$ 一定になります。したがって、$\dot{Y}$ の周波数特性は、図13－8のように双曲線なりま

す。

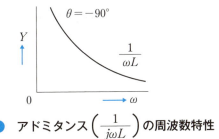

図13-8 アドミタンス $\left(\dfrac{1}{j\omega L}\right)$ の周波数特性

③の式（13-3）のアドミタンスは、

$$\dot{Y}=\dfrac{1}{\dot{Z}}=\dfrac{1}{\dfrac{1}{j\omega L}}=j\omega C=\omega C\angle 90°\tag{13-6}$$

となります。このように $\dot{Y}$ は角周波数 ω に比例し、位相 θ は常に90°一定になります。したがって、$\dot{Y}$ の周波数特性は、図13-9のように直線になります。

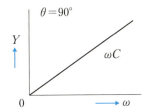

図13-9 アドミタンス $(J\omega C)$ の周波数特性

以上のことをまとめると、抵抗 R はインピーダンス、アドミタンスともにいずれも一定であり、インダクタンス L とキャパシタンス C の ω に対する変化は、互いに逆の関係になります。

答：①図13-7、②図13-8、③図13-9

13-2 抵抗、インダクタンス、キャパシタンスの直並列回路の周波数特性

　抵抗とインダクタンスの直列回路、抵抗とキャパシタンスの直列回路、抵抗とインダクタンスの並列回路、抵抗とキャパシタンスの並列回路の場合のインピーダンス（またはアドミタンス）の周波数特性について説明します。具体的には、インピーダンス（またはアドミタンス）の大きさと位相の周波数特性について説明します。

13-2-1　抵抗 R とインダクタンス L の直列回路

　R-C 直列回路を図13-10に示します。このときのインピーダンスは、

$$\dot{Z}=R+j\omega L=\sqrt{R^2+(\omega L)^2}\angle tan^{-1}\frac{\omega L}{R}=Z\angle\theta \qquad (13-7)$$

となります。$\dot{Z}$ の周波数特性は、次のように考えます。

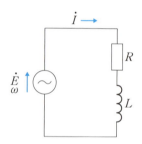

図13-10　抵抗 R とインダクタンス L の直列回路

- 大きさ：$Z=\sqrt{R^2+(\omega L)^2}$：$\omega$ が小さくなると抵抗 R に近づき、ω が大きくなると ωL に近づく。

- 位相 $\theta=tan^{-1}\dfrac{\omega L}{R}$：$\omega$ が 0 →∞ に変化すると、θ は 0°→90°の変化をする。

　したがって、大きさ Z と位相 θ の周波数特性は図13-11、図13-12のようになります。大きさ Z は ω が大きくなるにしたがい直線 ωL に漸近していきます。位相 θ は ω が大きくなるにしたがい $-90°$の直線に漸近していきます。

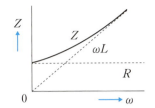

図13−11 大きさ Z の周波数特性（$R-L$ 直列回路）

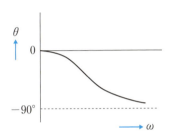

図13−12 位相 θ の周波数特性（$R-L$ 直列回路）

13−2−2　抵抗 R とキャパシタンス C の直列回路

$R-C$ 直列回路を図13−13に示します。このときのインピーダンスは、

$$\dot{Z} = R + \frac{1}{j\omega C} = R - j\frac{1}{\omega C} = \sqrt{R^2 + \left(\frac{1}{\omega C}\right)^2} \angle -tan^{-1}\left(\frac{1}{\omega CR}\right) = Z \angle \theta$$

(13−8)

となります。$\dot{Z}$ の周波数特性は、次のように考えます。

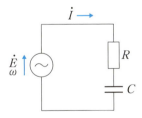

図13−13 抵抗 R とキャパシタンス C の直列回路

・大きさ $Z = \sqrt{R^2 + \left(\frac{1}{\omega C}\right)^2}$ ：ω が小さくなると $\frac{1}{\omega C}$ に近づき、ω が大きくなると R に近づく。

- 位相 $\theta = -tan^{-1}\left(\dfrac{\omega L}{R}\right)$：$\omega$ が $0 \to \infty$ に変化すると、θ は $-90° \to 0°$ の変化をする。

したがって、大きさ Z と位相 θ の周波数特性は図13−14、図13−15のようになります。すなわち、大きさ Z は ω が小さくなるにしたがい $\dfrac{1}{\omega C}$ の双曲線に漸近し、ω が大きくなると $Z = R$ の直線に漸近します。位相 θ は ω が大きくなると $-90°$ から $0°$ に漸近していきます。

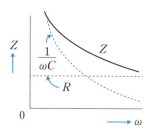

図13−14 大きさ Z の周波数特性（$R-C$ 直列回路）

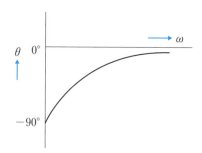

図13−15 位相 θ の周波数特性（$R-C$ 直列回路）

[例題13-2]

抵抗 R とインダクタンス L の並列接続（図13-16）のインピーダンスの大きさの周波数特性を図示しなさい。また、位相の周波数特性を説明しなさい。

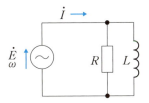

図13-16 抵抗とインダクタンスの並列回路

[解説]

インピーダンスは、

$$\dot{Z} = \frac{1}{R} + \frac{1}{j\omega L} = \frac{1}{R} - j\frac{1}{\omega C} = \sqrt{\left(\frac{1}{R}\right)^2 + \left(\frac{1}{\omega L}\right)^2} \angle -tan^{-1}\left(\frac{R}{\omega L}\right)$$
$$= Z\angle \theta \qquad (13-9)$$

となります。$\dot{Z}$ の周波数特性は、次のように考えます。

・大きさ $Z = \sqrt{\left(\frac{1}{R}\right)^2 + \left(\frac{1}{\omega L}\right)^2}$ ：ω が小さくなると $\frac{1}{\omega L}$ に近づき、ω が大きくなると $\frac{1}{R}$ に近づく。

・位相 $\theta = -tan^{-1}\left(\frac{R}{\omega L}\right)$：$\omega$ が $0 \to \infty$ に変化すると、θ は $-90°\to 0°$ の変化をする。

したがって、大きさ Z の周波数特性は図13-17のようになります。

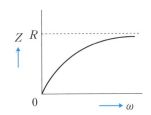

図13-17 大きさ Z の周波数特性（$R-L$ 並列回路）

13-2 抵抗、インダクタンス、キャパシタンスの直並列回路の周波数特性

答：図13-17

<u>位相 θ は ω が $0 \to \infty$ に変化すると、θ は $-90° \to 0°$ の変化をする。</u>

[例題13-3]

抵抗 R とキャパシタンス C の並列接続（図13-18）のアドミタンスの大きさの周波数特性を図示しなさい。また、位相の周波数特性を説明しなさい。

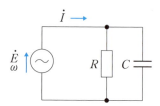

図13-18　抵抗とインダクタンスの並列回路

[解答]

抵抗 R とキャパシタンス C の並列接続のアドミタンスは、

$$\dot{Y} = \frac{1}{R} + j\omega C = \sqrt{\left(\frac{1}{R}\right)^2 + (\omega C)^2} \angle tan^{-1} \omega CR = Y \angle \theta \quad (13-10)$$

となります。$\dot{Y}$ の周波数特性は、次のように考えます。

・大きさ $Y = \sqrt{\left(\frac{1}{R}\right)^2 + (\omega C)^2}$：$\omega$ が小さくなると $\frac{1}{R}$ に近づき、ω が大きくなると ωC に近づく。

・位相 $\theta = tan^{-1} \omega CR$：$\omega$ が $0 \to \infty$ に変化すると、θ は $0° \to 90°$ の変化をする。

したがって、大きさ Y の周波数特性は図13-19のようになります。すなわち、大きさ Y は $\omega = 0$ のときの大きさ $\frac{1}{R}$ から ω が大きくなるにしたがい ωC の直線に漸近します。位相 θ は ω が大きくなると $0°$ から $90°$ に漸近していきます。

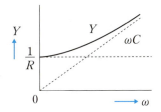

図13−19 大きさ Y の周波数特性（$R-C$ 並列回路）

答：図13−9
ω が $0 \to \infty$ に変化すると、位相 θ は $0°\to 90°$ の変化をする。

13-3 インピーダンスとアドミタンスの軌跡

複素平面であるインピーダンス面とアドミタンス面について説明します。また、$R-L$直列回路、$R-L$並列回路、$R-C$並列回路について角周波数を変化させたときのインピーダンスとアドミタンスの軌跡について説明します。

13-3-1 インピーダンス面とアドミタンス面

複素表示されたインピーダンス$\dot{Z}_1$とアドミタンス$\dot{Y}_2$は、実数部である抵抗R（コンダクタンス$G=\dfrac{1}{R}$）を横軸に、虚数部であるリアクタンスjX（サセプタンス$jB=j\dfrac{1}{X}$）を縦軸にとった直角座標面上の1点で表すことができます（図13-20）。この複素平面を**インピーダンス面**（または**$\dot{Z}$平面**）または**アドミタンス面**（または**$\dot{Y}$平面**）といいます。

$$\dot{Z}_1 = R_1 + jX_1 = Z_1 \angle \theta_1 \tag{13-11}※注$$
$$\dot{Y}_2 = G_2 + jB_2 = Y_2 \angle \theta_2 \tag{13-12}※注$$

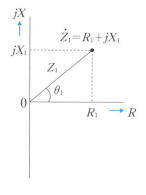 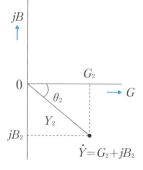

(a) インピーダンス面　　　(b) アドミタンス面

図13-20 インピーダンス面とアドミタンス面※注

※注：下添え字の1と2は仮につけている。

13−3−2　抵抗 R とインダクタンス L の直列回路

R−L 直列回路のインピーダンスを

$$\dot{Z}_1 = R_1 + j\omega L$$
$$= R + jX \qquad (13-13)$$

とします。ここで、抵抗 R_1 を一定とし、ω を $0 \to \infty$ に変化させると、インピーダンス $\dot{Z}$ はインピーダンス面上で半直線の変化をします（図13−21）。このような軌跡を**インピーダンス軌跡**といいます。

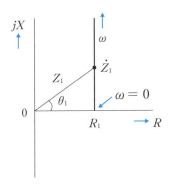

図13−21　インピーダンス軌跡

また、アドミタンスは

$$\dot{Y}_2 = \frac{1}{\dot{Z}_2} = \frac{1}{R_1 + j\omega L} = \frac{R_1 - j\omega L}{(R_1 + j\omega L)(R_1 - j\omega L)}$$

$$= \frac{R_1}{R_1^2 + (\omega L)^2} - j\frac{\omega L}{R_1^2 + (\omega L)^2} \equiv G + jB \qquad (13-14)$$

となり、抵抗 R_1 を一定とし、ω を $0 \to \infty$ に変化させると、$\omega = 0$ のときは $\dot{Y}_2 = \dfrac{1}{R_1}$ になり、$\omega = \infty$ のときは $\dot{Y}_2 = 0$ になり、その間のアドミタンス $\dot{Y}$ の変化はアドミタンス面上で半円になります（図13−22）。このような軌跡を**アドミタンス軌跡**といいます。

13-3 インピーダンスとアドミタンスの軌跡

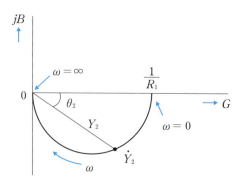

図13-22 $R-L$ 直列回路のアドミタンス軌跡

> [例題13-4]
> 図13-16の $R-L$ 並列回路で、ω を $0 \to \infty$ に変化させたときのアドミタンス $\dot{Y}$ のアドミタンス軌跡を図示しなさい。ただし、R は一定とする。

[解答]

アドミタンス $\dot{Y}$ は、

$$\dot{Y} = \frac{1}{R} + \frac{1}{j\omega L} = \frac{1}{R} - j\frac{1}{\omega L} = Y \angle \theta$$
$$\equiv G + jB \tag{13-15}$$

となります。$\frac{1}{R}$ は一定なので、$-j\frac{1}{\omega L}$ だけが ω に対して変化します。ここで、ω は分母になっているので、ω の $0 \to \infty$ に変化に対して $-j\infty \to 0$ の変化になります。

$\omega = 0$ のときは $\dot{Y} = -\infty$ になり、$\omega = \infty$ のときは $\dot{Y} = \frac{1}{R}$ になり、その間のアドミタンス $\dot{Y}$ の変化はアドミタンス面上で $-\infty$ から 0 に向かう半直線の軌跡になります（図13-23）。

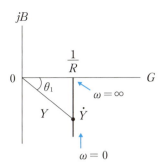

図13−23 $R-L$ 並列回路のアドミタンス軌跡

[例題13−5]

図13−18の $R-C$ 並列回路で、ω を $0 \to \infty$ に変化させたときのアドミタンス $\dot{Y}$ のアドミタンス軌跡を図示しなさい。ただし、R は一定とする。

[解答]

アドミタンス $\dot{Y}$ は、

$$\dot{Y} = \frac{1}{R} + j\omega C = Y\angle\theta$$

$$\equiv G + jB \tag{13−16}$$

となります。$\frac{1}{R}$ は一定なので、$j\omega C$ だけが ω に対して変化します。$\omega = 0$ のときは $\dot{Y} = \frac{1}{R}$ になり、$\omega = \infty$ のときは $\dot{Y} = \infty$ になり、その間のアドミタンス $\dot{Y}$ の変化はアドミタンス面上で 0 から ∞ に向かう半直線の軌跡になります（図13−24）。

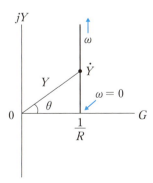

図13−24 $R-C$ 並列回路のアドミタンス軌跡

第14章
古典的解法と過渡現象

　前章までの電気回路は、回路のスイッチを入れてから十分時間が経過した後の定常状態における電圧や電流を対象にした回路現象ですが、過渡現象とは電気回路のスイッチを入れた瞬間から時間が経過したときに回路に流れる電流、インダクタンスの端子電圧、キャパシタンスの電荷がどのように変化していくか、これらの電気現象の経時変化を対称にします。過渡現象を解く方法には、大別して古典的解法とラプラス変換による解法があります。本章では、古典的解法について説明します。

14-1　$R-L$ 直列回路の過渡現象

図14-1の回路において、時刻 $t=0$ でスイッチ S を閉じ、直流電圧 E を印加します。回路には、電流 i が時間的に変化して流れます。厳密には、時間の関数になるので、$i(t)$ と表現しますが、本章では単に i と表現します。

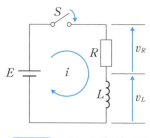

図14-1　$R-L$ 直列回路

抵抗の端子電圧を v_R、インダクタンスの端子電圧を v_L とすると、オームの法則から

$$E = v_R + v_L \tag{14-1}$$

となります。
　ここで、抵抗の端子電圧を v_R は

$$v_R = Ri \tag{14-2}$$

となります。
　また、インダクタンスの端子電圧は、第2章の式（2-2）から v_L

$$v_L = L\frac{di}{dt} \tag{14-3}$$

となります。
　式（14-2）と式（14-3）を式（14-1）に代入すると、

$$Ri + L\frac{di}{dt} = E \tag{14-4}$$

が得られます。電流についての微分方程式です。
　このような方程式を過渡現象では回路方程式といいます。通常、過渡現象では、最初に、回路方程式を導きます。次に、導いた回路方程式を使って、回路に流れる電流や回路要素の端子電圧、電荷（電荷量）の式を求めていきます。

第14章 古典的解法と過渡現象

〈微分方程式〉

$y(t) = ax(t) + b\dfrac{dx(t)}{dt}$ のように、式の微分の中に未知の関数 $x(t)$ を含む方程式を微分方程式という。

古典的解法は、次の4つのステップで解いていきます。

- 定常解
- 過渡解
- 一般解
- 特殊解

定常解とは、スイッチ S を閉じてから十分時間が経過した後の定常状態における回路方程式の解のことをいいます。過渡解は、スイッチ S を閉じてから定常状態になるまでの過渡状態における回路方程式の解のことをいいます。一般解とは、定常解と過渡解の和のことをいいます。特殊解とは、一般解を、スイッチ S を閉じた瞬間($t=0$)における初期条件を入れて導いた解のことをいいます。

さっそく、電流 i について解いていきます。

・定常解

スイッチ S を閉じてから十分時間が経過した後の電流の変化はないとみなして、$\dfrac{di}{dt}=0$ とします。したがって、式（14-4）の回路方程式は、$E=Ri$ となり

$$i = \frac{E}{R} \tag{14-5}$$

が得られます。

・過渡解

過渡解を解くための定石があります。すなわち、式（14-4）の右辺を0と置きます。

$$Ri + L\frac{di}{dt} = 0 \tag{14-6}$$

式（14-6）を変形します。

$$\frac{di}{i} = -\frac{R}{L}dt \tag{14-7}$$

このような変形を変数分離といいます。

14-1 R−L直列回路の過渡現象

両辺を積分します。

$$\int \frac{di}{i} = -\frac{R}{L}\int dt + c \tag{14-8}$$

（積分定数を c とする）

式（14-8）からさらに

$$\ln i = -\frac{R}{L}t + c \tag{14-9}$$

が得られます。したがって、式（14-9）から

$$i = e^{-\frac{R}{L}t+c} \tag{14-10}$$

が得られます。式（14-10）を書き換えます。

$$i = e^{-\frac{R}{L}t+c} = e^c e^{-\frac{R}{L}t} = Ce^{-\frac{R}{L}t} \tag{14-11}$$

（定数 $e^c = C$ とする）

これが過渡解です。

ここで、式（14-6）から式（14-11）を得る方法を公式として覚えておくと便利です。

公式〈微分方程式の解〉

$Ay + B\dfrac{dy}{dx} = 0$ の解は、$y = Ce^{-\frac{A}{B}x}$ （C：定数）である

・一般解

定常解と過渡解の和は、式（14-5）と式（14-11）から

$$i = \frac{E}{R} + Ce^{-\frac{R}{L}t} \tag{14-12}$$

となります。これが一般解です。

・特殊解

初期条件は、時刻 $t = 0$ のとき電流 $i = 0$ とします。

この条件を一般解の式（14-12）に代入します。

$$0 = \frac{E}{R} + Ce^{-\frac{R}{L}\cdot 0} = \frac{R}{E} + C\cdot 1$$

ここで、$e^{-\frac{R}{L}\cdot 0} = e^0 = 1$ です。

したがって、定数 C は

$$C = -\frac{E}{R} \tag{14-13}$$

が得られます。これを一般解の式(14-12)に代入します。

$$i = \frac{E}{R} + Ce^{-\frac{R}{L}t} = \frac{E}{R} - \frac{E}{R}e^{-\frac{R}{L}t} = \frac{E}{R}\left(1 - e^{-\frac{R}{L}t}\right) \tag{14-14}$$

これが特殊解です。

式(14-14)の時間 t と電流 i の関係をグラフにします。横軸に時間 t をとり、縦軸に電流 i をとったグラフを図14-2に示します。電流 i は時間 t とともに漸次増加して、十分時間が経過した後は $\frac{E}{R}$ に漸近していきます。このように電流の時間に対する経時変化を**過渡応答**といいます。

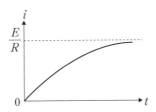

図14-2 電流 i の過渡応答（$R-L$ 直列回路の場合）

次に、インダクタンス L の端子電圧 v_L と過渡応答を求めます。式(14-3)の i に、式(14-14)を代入すると、

$$\begin{aligned} v_L &= L\frac{di}{dt} = L\frac{d}{dt}\left(\frac{E}{R} - \frac{E}{R}e^{-\frac{R}{L}t}\right) \\ &= L\frac{d}{dt}\left(\frac{E}{R}\right) - L\frac{d}{dt}\left(\frac{E}{R}e^{-\frac{R}{L}t}\right) \\ &= 0 - L\frac{E}{R}\left(-\frac{R}{L}\right)e^{-\frac{R}{L}t} \\ &= Ee^{-\frac{R}{L}t} \end{aligned} \tag{14-15}$$

が得られます。

時間 t に対する端子電圧 v_L の過渡応答は図13-3のようになります。端子電圧 v_L は、時間経過とともに漸次減少して、十分時間が経過した後は0に漸近していきます。

14−1　R−L直列回路の過渡現象

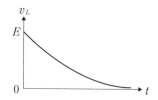

図14−3　端子電圧 v_L の過渡応答（$R-L$ 直列回路の場合）

・時定数

　電流 i と端子電圧 v_L の過渡応答は、図14−2と図14−3に示すように、時間 t に対して指数関数的に変化します。指数関数的に変化する場合は、時間に対する変化の目安を表すものとして<u>時定数</u>（*time constant*）が定義されています。

　$R-L$ 直列回路の場合は、電流 i と端子電圧 v_L の式の中の指数関数 $e^{-\frac{R}{L}t}$ の指数係数 $\left(\dfrac{R}{L}\right)$ の逆数である

$$\tau = \frac{L}{R} \tag{14−16}$$

が時定数になります。時定数は時間の時限をもち、単位は $R[\Omega]$、$L[H]$ とすると $\tau[s]$ になります。式（14−14）で、$I = \dfrac{E}{R}$ とおいて、電流 I で規格化すると

$$\frac{i}{I} = 1 - e^{-\frac{R}{L}t} \tag{14−17}$$

となります。

　式（14−17）をグラフにすると、図14−4の過渡応答になります。縦軸の最終値（最大値）は、$\dfrac{i}{I} = 1$ になります。ここで、$t = \tau$ とすると、

$$\frac{i}{I} = 1 - e^{-\frac{R}{L}t} = 1 - e^{-\frac{R}{L} \cdot \frac{L}{R}} = 1 - e^{-1} = 0.6321$$

が得られます。すなわち、図14−4の過渡応答で、時間 $t = \tau$ のときの $\dfrac{i}{I}$ の値が0.6321になります。これは、$i = 0.6321I$ であることから、最終値 I の63.1%であることを意味します。このことから、時定数は、最終値の63.1%になる時間であると定義することができます。

　時定数 τ を過渡応答の曲線から作図で求める方法は、曲線上の任意の点から<u>接</u>

線を引きます。このとき任意の点から接線が最終値と交わるまでの時間が時定数 τ になります。

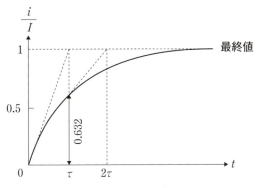

図14-4　規格された $\dfrac{i}{I}$ の過渡応答

[例題14-1]
　図14-1の $R-L$ 直列回路において、$E=10\,[V]$、$R=10\,[\Omega]$、$L=200\,[mH]$ のときの時間 $t=0\,[s]\sim100\,[ms]$（10 $[ms]$ きざみ）の範囲で、電流 i とインダクタンス L の端子電圧 v_L の過渡応答を方眼紙に画きなさい。また、時定数 τ を求め、画いた過渡応答のグラフに接線を引きなさい。

[解答]
　式 (14-14) と式 (14-15) に、題意の $E=10\,[V]$、$R=10\,[\Omega]$、$L=200\,[mH]$ の各定数を代入します。

$$i=\dfrac{E}{R}\left(1-e^{-\frac{R}{L}t}\right)=\dfrac{10}{10}\left(1-e^{-\frac{10}{0.2}t}\right)=1-e^{-50t}$$

$$v_L=Ee^{-\frac{R}{L}t}=10e^{-\frac{10}{0.2}t}=10e^{-50t}$$

この2つの式を用いて、$t=0\,[s]\sim100\,[ms]$ の範囲で10 $[ms]$ きざみで計算します。計算結果を表14-1に示します。時定数は、式 (14-16) から

$$\tau=\dfrac{L}{R}=\dfrac{0.2}{10}=0.02\,[s]=20\,[ms]$$

になります。
　電流 i と端子電圧 v_L の過渡応答を図14-5、図14-6に示します。それぞれのグラフに接線を引きます。接線と電流 i の最終値（$i=1.0\,[A]$）の交点までの時間が時定数 τ に等しくなります。また、端子電圧 v_L の初期値（$v_L=10\,[V]$）

14−1 R−L直列回路の過渡現象

から63.2％低下した時間が時定数 τ に等しくなります。

表14−1 電流 i と端子電圧 v_L の計算

$t\,[s]$	$i\,[A]$	$v_L\,[V]$
0	0	10
0.01	0.393	6.065
0.02	0.632	3.679
0.03	0.777	2.231
0.04	0.865	1.353
0.05	0.918	0.821
0.06	0.950	0.498
0.07	0.970	0.302
0.08	0.982	0.183
0.09	0.989	0.111
0.10	0.993	0.067

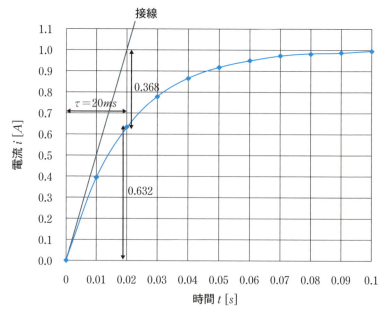

図14−5 電流 i の過渡応答

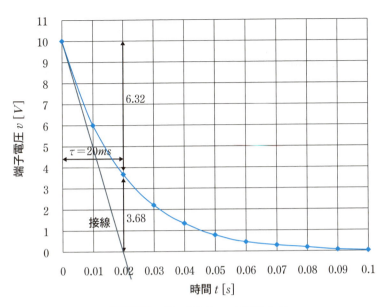

図14−6 端子電圧 v_L の過渡応答

答：図14−5、図14−6、時定数 $\tau=20\,[ms]$、接線は図中の直線

14-2 $R-C$ 直列回路の過渡現象

図14-7の回路において、時刻 $t=0$ でスイッチ S を閉じ、直流電圧 E を印加します。回路には、電流 i が時間的に変化して流れます。

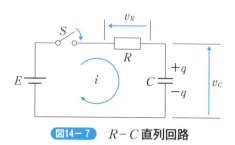

図14-7 $R-C$ 直列回路

抵抗の端子電圧を v_R、キャパシタンスの端子電圧を v_C とすると、オームの法則から

$$v_R + v_C = E \tag{14-18}$$

となります。ここで、抵抗の端子電 v_R は $v_R = Ri$ なので、式 (14-18) は

$$Ri + v_C = E \tag{14-19}$$

となります。

一方、キャパシタンス C に蓄えられている電荷量を q とすると、端子電圧 v_C と電荷量 q との間には、

$$q = Cv_C \text{ または } v_C = \frac{q}{C} \tag{14-20}$$

の関係が成り立ちます。キャパシタンス C に電流が流れると、電流は電荷量として蓄積されます。これを式で表現すると、

$$q = \int_0^t i\,dt + q_0 \tag{14-21}$$

となります。ここで、q_0 は $t=0$ のときの**初期電荷**です。すなわち、q の**初期値**を意味し、スイッチ S を閉じる前からキャパシタンス C に蓄積されていた電荷を指します。

式 (14-21) を式 (14-20) に代入します。

$$v_C = \frac{1}{C}\int_0^t i\,dt + \frac{q_0}{C} = \frac{1}{C}\int_0^t i\,dt + v_0 \tag{14-22}$$

ここで、$v_0 = \dfrac{q_0}{C}$は$v_C(t)$の初期値です。式（14−22）の両辺を微分します。

$$\frac{dv_C}{dt} = \frac{1}{C} i$$

すなわち、

$$i = C \frac{dv_C}{dt} \tag{14−23}$$

が得られます。式（14−23）を式（14−19）に代入します。

$$RC \frac{dv_C}{dt} + v_C = E \tag{14−24}$$

端子電圧v_Cに関する回路方程式が得られます。さらに、式（14−24）に式（14−20）のv_Cを代入します。

$$RC \frac{d\left(\dfrac{q}{C}\right)}{dt} + \frac{q}{C} = E$$

$$RC \frac{dq}{dt} + q = CE \tag{14−25}$$

電荷qに関する回路方程式が得られます。また、式（14−22）で初期値$v_0 = \dfrac{q_0}{C} = 0$（キャパシタンスの初期電荷$q_0 = 0$）とおいて、これを式（14−19）に代入します。

$$Ri + \frac{1}{C} \int_0^t i \, dt = E \tag{14−26}$$

電流iに関する回路方程式すなわち**積分方程式**が得られます。

次に、式（14−24）の端子電圧v_Cに関する回路方程式を古典的解法で解いていきます。

・定常解

スイッチSを閉じた後の定常状態では、キャパシタンスCには十分電荷が蓄えられるので、端子電圧v_Cの変化はないとみなします。すなわち、式（14−24）で、$\dfrac{dv_C}{dt} = 0$とすると、

$$v_C = E \tag{14−27}$$

が得られます。

・過渡解

式（14−24）の右辺を 0 と置きます。

$$RC\frac{dv_C}{dt}+v_C=0 \qquad (14-28)$$

先ほど説明した公式〈微分方程式の解〉※注を使って解くと、

$$v_C=A_e^{-\frac{1}{CR}t} \qquad (14-29)$$

が得られます。

・一般解

一般解は、定常解式（14−27）と過渡解式（14−29）の和です。

$$v_C=E+A_e^{-\frac{1}{CR}t} \qquad (14-30)$$

・特殊解

初期条件は、時刻 $t=0$ で $v_0=0$（キャパシタンス C の初期電荷 $q_0=0$）としています。これを式（14−30）に代入します。

$0=E+A_e^{-\frac{1}{CR}0}$ から $A=-E$ が得られます。

したがって、特殊解は

$$v_C=E-Ee^{-\frac{1}{CR}t}=E\left(1-e^{-\frac{1}{CR}t}\right) \qquad (14-31)$$

が得られます。

電流 i は、式（14−23）に式（14−31）を代入して得られます。

$$i=C\frac{dv_C}{dt}$$

$$=C\frac{d}{dt}\left(E\left(1-e^{-\frac{1}{CR}t}\right)\right)=CE\frac{d}{dt}\left(1-e^{-\frac{1}{CR}t}\right)=CE\frac{1}{CR}e^{-\frac{1}{CR}t}$$

$$=\frac{E}{R}e^{-\frac{1}{CR}t} \qquad (14-32)$$

電荷 q は、式（14−20）に式（14−31）を代入して得られます。

$$q=Cv_C=CE\left(1-e^{-\frac{1}{CR}t}\right) \qquad (14-33)$$

※注：p. 198の公式（微分方程式の解）を参照。

抵抗 R の端子電圧 v_R は、$v_R = Ri$ に（32）式を代入します。

$$v_R = Ri = R\frac{E}{R}e^{-\frac{1}{CR}t} = Ee^{-\frac{1}{CR}t} \qquad (14-34)$$

得られた端子電圧 v_C と電流 i の過渡応答を図14−8に、電荷 q と端子電圧 v_R の過渡応答を図14−9に示します。

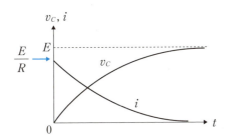

図14−8　端子電圧 v_C と電流 i の過渡応答

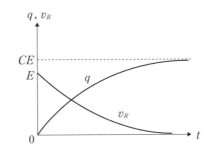

図14−9　電荷 q と端子電圧 v_R の過渡応答

14-2 R-C 直列回路の過渡現象

[例題14-2]

図14-10のR-C直列回路において、$E = 10\,[V]$、$R = 500\,[\Omega]$、$C = 100\,[\mu F]$のときの回路に流れる電流i、キャパシタンスCの端子電圧v_Cと電荷（電荷量）q、抵抗Rの端子電圧v_Rを求めなさい。ただし、キャパシタンスCの初期電荷による端子電圧を$v_0 = 2\,[V]$とする。

また、時間$t = 0\,[s] \sim 20\,[ms]$（$10\,[ms]$きざみ）の範囲で、電流i、端子電圧v_C、電荷q、端子電圧v_Rの過渡応答を画きなさい。

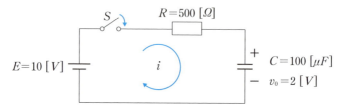

図14-10 初期電荷が与えられたR-C直列回路

[解答]

式（14-30）の一般解で、初期条件として$t = 0$で$v_C = v_0 (= 10\,[V])$を代入します。

$$v_0 = E + Ae^{-\frac{1}{CR}0} = E + A \text{から} A = v_0 - E \text{が得られます。}$$

したがって、特殊解は

$$v_C = E + Ae^{-\frac{1}{CR}t} = E - (E - v_0)e^{-\frac{1}{CR}t} \tag{14-35}$$

が得られます。

電流iを求めるため、式（14-23）に式（14-35）を代入します。

$$i = C\frac{dv_C}{dt} = C\frac{d}{dt}\{E - (E - v_0)e^{-\frac{1}{CR}t}\} = C\frac{E - v_0}{CR}e^{-\frac{1}{CR}t}$$

$$= \frac{E - v_0}{R}e^{-\frac{1}{CR}t} \tag{14-36}$$

ここで、題意の数値を代入します。

$$\frac{E - v_0}{R} = \frac{10 - 2}{500} = 0.016\,[A]$$

$$CR = 100 \times 10^{-6} \times 500 = 0.05\,[s]$$

したがって、式（14-36）は

$$i = 0.016 e^{-\frac{1}{0.05}t} [A] \tag{14-37}$$

となります。

　端子電圧 v_C には、式（14-35）に題意の数値を代入します。

$$v_C = E-(E-v_0)e^{-\frac{1}{CR}t} = 10-(10-2)e^{-\frac{1}{0.05}t}$$

$$= 10-8e^{-\frac{1}{0.05}t} [V] \tag{14-38}$$

電荷 q には、式（14-20）に式（14-35）を代入して

$$q = Cv_C = C\{E-(E-v_0)e^{-\frac{1}{CR}t}\} \tag{14-39}$$

が得られます。この式に題意の数値を代入します。

$$q = C\{E-(E-v_0)e^{-\frac{1}{CR}t}\} = 100\times 10^{-6}\{10-(10-2)e^{-\frac{1}{0.05}t}\}$$

$$= 0.001-8\times 10^{-4} e^{-\frac{1}{0.05}t} \tag{14-40}$$

端子電圧 v_R には、式（14-34）に題意の数値を代入します。

$$v_R = Ee^{-\frac{1}{CR}t} = 10e^{-\frac{1}{0.05}t} [V] \tag{14-41}$$

　次に、式（14-37）、式（14-38）、式（14-40）、式（14-41）を用いて、電流 i、端子電圧 v_C、電荷 q、端子電圧 v_R を計算します。計算例を表14-2に示します。また、それぞれの過渡応答を画くと、図14-11～図14-13が得られます。

　キャパシタンス C の端子電圧 v_C は、初期電荷による電圧 $v_0 = 2 [V]$ から漸次増加していきます。また、電荷 q も初期電荷（$q_0 = 0.2 [mC]$）から漸次増加していくことがわかります。

14-2 R-C直列回路の過渡現象

$t\,[s]$	$i\,[mA]$	$v_C\,[V]$	$q\,[mC]$	$v_R\,[V]$
0	16.000	2.00	0.200	10.000
0.01	13.100	3.45	0.345	8.187
0.02	10.725	4.64	0.464	6.703
0.03	8.781	5.61	0.561	5.488
0.04	7.189	6.41	0.641	4.493
0.05	5.886	7.06	0.706	3.679
0.06	4.819	7.59	0.759	3.012
0.07	3.946	8.03	0.803	2.466
0.08	3.230	8.38	0.838	2.019
0.09	2.645	8.68	0.868	1.653
0.10	2.165	8.92	0.892	1.353
0.11	1.773	9.11	0.911	1.108
0.12	1.451	9.27	0.927	0.907
0.13	1.188	9.41	0.941	0.743
0.14	0.973	9.51	0.951	0.608
0.15	0.797	9.60	0.960	0.498
0.16	0.652	9.67	0.967	0.408
0.17	0.534	9.73	0.973	0.334
0.18	0.437	9.78	0.978	0.273
0.19	0.358	9.82	0.982	0.224
0.20	0.293	9.85	0.985	0.183

表14-2　電流 i、端子電圧 v_C、電荷 q、端子電圧 v_R の計算

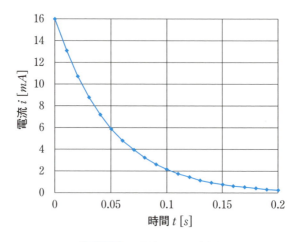

図14-11　電流 i の過渡特性

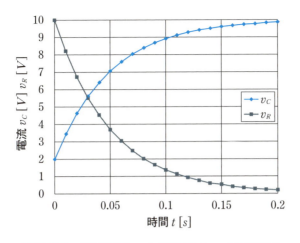

図14-12 端子電圧 v_C と端子電圧 v_R の過渡特性

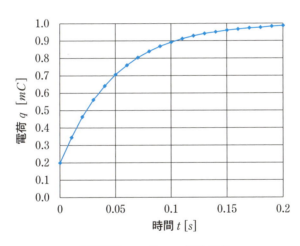

図14-13 電荷 q の過渡特性

答：式 (14-37)、式 (14-38)、式 (14-40)、式 (14-41)、図14-11〜図14-13

14-2 R-C直列回路の過渡現象

[例題14-3]

図14-14の回路のように、電圧 E に充電されたキャパシタンス C と抵抗 R がスイッチ S を介して接続されている。スイッチ S を ON にしてキャパシタンス C を放電させたときの回路に流れる電流 i とキャパシタンス C の端子電圧 v_C の式を導きなさい。また $E=10$ [V]、$C=1000$ [μF]、$R=100$ [Ω]、とし、時間 $t=0$ [s]〜30 [ms]（20 [ms] きざみ）の範囲で計算し、電流 i と端子電圧 v_C を計算し、それぞれの過渡応答を画きなさい。

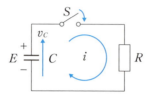

図14-14 キャパシタンス C と抵抗 R の短絡回路

[解答]

回路方程式は、オームの法則から得られる $Ri+v_C=0$ に式（14-23）を代入して、

$$RC\frac{dv_C}{dt}+v_C=0 \tag{14-42}$$

となります。

・定常解

スイッチ S を ON してから十分時間が経過した後は、$\frac{dv_C}{dt}=0$ となるので、式（14-42）から

$$v_C=0 \tag{14-43}$$

となります。

・過渡解

式（14-42）の解は、公式〈微分方程式の解〉※注から

$$v_C=Ae^{-\frac{1}{CR}t} \tag{14-44}$$

となります。

※注：p.198の公式〈微分方程式の解〉を参照。

・一般解

定常解と過渡解の和は、

$$v_C = 0 + Ae^{-\frac{1}{CR}t}$$

$$= Ae^{-\frac{1}{CR}t} \tag{14-45}$$

になります。

・特殊解

初期値は、$t=0$ で $v_C=E$ とします。これを式（14-45）に代入します。$E = Ae^{-\frac{1}{CR}0} = A \cdot 1$ から、$A=E$ となり

$$v_C = Ee^{-\frac{1}{CR}t} \tag{14-46}$$

が得られます。

電流 i は、式（14-23）から

$$i = C\frac{dv_C}{dt} = C\frac{d}{dt}(Ee^{-\frac{1}{CR}t}) = -CE\frac{1}{CR}e^{-\frac{1}{CR}t}$$

$$= -\frac{E}{R}e^{-\frac{1}{CR}t} \tag{14-47}$$

となります。

v_C と i の計算例を表14-3に示します。また、端子電圧 v_C と電流 i の過渡応答を図14-15に示します。スイッチ S を ON にすると、キャパシタンス C から電流 i が放電し、時間経過とともに回路を流れる電流は減少していきます。また、端子電圧 v_C も電流が放電していくことにより、電圧 E から漸次減少していきます。

電流 i がマイナスになったのは、通常電気回路ではキャパシタンス C に流れ込む電流の方向をプラスにしているためです。図14-15の電流 i の過度応答は $0 \sim +100\,[mA]$ の範囲で描いても良いです。

14-2 R-C 直列回路の過渡現象

表14-3 端子電圧 v_C と電流 i の計算例

$t\,[s]$	$v_C\,[V]$	$i\,[mA]$
0	10	-100
0.02	8.187	-81.9
0.04	6.703	-67.0
0.06	5.488	-54.9
0.08	4.493	-44.9
0.10	3.679	-36.8
0.12	3.012	-30.1
0.14	2.466	-24.7
0.16	2.019	-20.2
0.18	1.653	-16.5
0.20	1.353	-13.5
0.22	1.108	-11.1
0.24	0.907	-9.1
0.26	0.743	-7.4
0.28	0.608	-6.1
0.30	0.498	-5.0

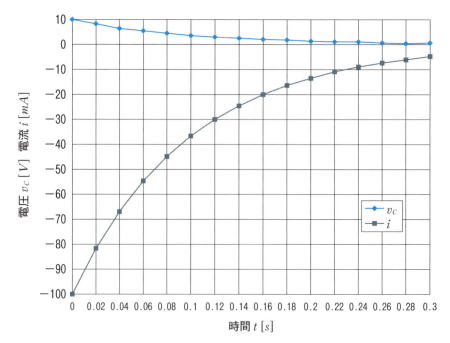

図14-15 端子電圧 v_C と電流 i の過渡応答

第15章
ラプラス変換と過渡現象

　過渡現象の解放には、第14章で説明した古典的解法と本章で説明するラプラス変換による解法があります。本章では、最初に、ラプラス変換について説明します。次に、第14章で説明した $R-L$ 直列回路と $R-C$ 直列回路の過渡特性についてラプラス変換を用いて解き、古典的解法と比較します。さらに、ラプラス変換による解法の1つである s 回路法について説明します。最後に、電気回路の基本信号として使われるステップ応答とインパルス応答について説明します。

15-1 ラプラス変換

時間 t の関数 $f(t)$ をラプラス変換（*Laplace transformation*）する式は、

$$F(s) = L\{f(t)\} = \int_0^\infty e^{-st} f(t) dt \qquad (15-1)$$

のように定義されます。

この式をラプラス変換式といいます。ここで、$L\{f(t)\}$ は、関数 $f(t)$ をラプラス変換することを意味します。英字 L はラプラス（*Laplace*）の頭文字で、ラプラス記号です。e^{-st} は指数関数で、$exp(-st)$ と表現することもできます。s はラプラス変数またはラプラス演算子といい、実態は複素数（$s = \sigma + j\omega$、σ：包絡定数、ω：角周波数）です。

また、ラプラスの逆変換は、

$$L^{-1}\{F(s)\} = f(t) \qquad (15-2)$$

のように表記します。

時間 t の関数である $f(t)$ とラプラス変換した s の関数 $F(s)$ の関係を図示すると、図15-1のような関係になります。$f(t)$ と $F(s)$ は表裏一体の関係にあります。数学では、$f(t)$ を表関数、$F(s)$ を裏関数と表現しています。

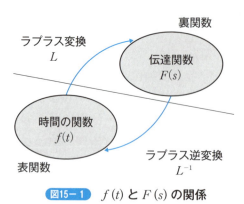

図15-1 $f(t)$ と $F(s)$ の関係

ラプラス変換の表記には、次のような約束ごとがあります。ラプラス変換固有の表現法です。

・小文字の i や v は、大文字の I や V に書き直す
・時間 t の関数を s の関数に書き直す
・微分記号 $\dfrac{d}{dt}$ は s に、積分記号 $\int$ は $\dfrac{1}{s}$ に書き直す

時間関数である電圧 $v(t)$ と電流 $i(t)$ を使って、例をあげて説明します。

〈例1〉 電圧 $v(t)$ のラプラス変換表記は、$V(s)$

〈例2〉 電流 $i(t)$ のラプラス変換表記は、$I(s)$

〈例3〉 電圧の微分 $\dfrac{dv(t)}{dt}$ のラプラス変換表記は、$sV(s)$

〈例4〉 電流の積分 $\int i(t)dt$ のラプラス変換表記は、$\dfrac{1}{s}I(s)$

これらの表現法と**ラプラス変換の公式集**（表15-1）を使うことにより機械的にラプラス変換の表記に書き直すことができます。

15-1 ラプラス変換

表15-1 ラプラス変換（逆変換）の公式集

$f(t)$	$F(s)$
1	$\dfrac{1}{s}$
A（定数）	$\dfrac{A}{s}$
t	$\dfrac{1}{s^2}$
t^2	$\dfrac{2}{s^3}$
e^{at}（a：定数）	$\dfrac{1}{s-a}$
e^{-at}	$\dfrac{1}{s+a}$
$\sin \omega t$	$\dfrac{\omega}{s^2+\omega^2}$
$\cos \omega t$	$\dfrac{s}{s^2+\omega^2}$
$e^{-at}\sin \omega t$	$\dfrac{\omega}{(s+a)^2+\omega^2}$
$e^{-at}\cos \omega t$	$\dfrac{s+a}{(s+a)^2+\omega^2}$
$\dfrac{df(t)}{dt}$	$sF(s)$
$\int f(t)dt$	$\dfrac{1}{s}F(s)$
$\delta(t)$※注	1

[例題15-1]

$f(t)=1$ をラプラス変換式を使ってラプラス変換しなさい。

[解答]

ラプラス変換式に代入します。

$$F(s)=\int_0^\infty e^{-st}f(t)dt$$

※注：p.228のインパルス応答を参照。デルタ関数という。

$$= \int_0^\infty e^{-st} 1 dt = \int_0^\infty e^{-st} dt = -\frac{1}{s}[e^{-st}]_0^\infty = -\frac{1}{s}\left(\frac{1}{e^\infty} - \frac{1}{e^0}\right) = -\frac{1}{s}(0-1)$$

$$= \frac{1}{s} \tag{15-3}$$

答：$\dfrac{1}{s}$

[例題15−2]
$f(t) = e^{at}$ （a は定数）をラプラス変換式を使ってラプラス変換しなさい。

[解答]

$$F(s) = \int_0^\infty e^{-st} f(t) dt$$

$$= \int_0^\infty e^{-st} e^{at} dt = \int_0^\infty e^{-(s-a)t} dt = \int_0^\infty e^{-St} dt = \frac{1}{S}$$

$$= \frac{1}{s-a} \tag{15-4}$$

上の計算で、$s-a=S$ とおいています。

答：$\dfrac{1}{s-a}$

[例題15−3]
$f(t) = t$ をラプラス変換式を使ってラプラス変換しなさい。

[解答]

ラプラス変換式に代入します。

$$F(s) = \int_0^\infty e^{-st} f(t) dt = \int_0^\infty e^{-st} t dt \tag{15-5}$$

ここで、次ページの公式〈関数の積の不定積分〉を使います。後述するように、式（15−5）は式（F）のようになります。

$$F(s) = \int_0^\infty e^{-st} t dt = \left[-\frac{1}{s} e^{-st} t - \frac{1}{s^2} e^{-st}\right]_0^\infty = 0 + \frac{1}{s^2}$$

$$= \frac{1}{s^2} \tag{15-6}$$

15-1 ラプラス変換

$$答：\frac{1}{s^2}$$

公式〈関数の積の不定積分〉

2つの関数を $u(t)$、$v(t)$ とし、それぞれの関数の微分形を

$$u'(t)\left(=\frac{du(t)}{dt}\right)$$

$$v'(t)\left(=\frac{dv(t)}{dt}\right)$$

とすると、

$$\int u'(t)dt = u(t)v(t) - \int u(t)v'(t) \tag{A}$$

の関係式が成り立ちます。

ここで、

$$u'(t) = e^{-st} \tag{B}$$

$$v(t) = t \tag{C}$$

とおくと、次式が得られます。

$$u(t) = \int u'(t)dt = \int e^{-st}dt = -\frac{1}{s}e^{-st} \tag{D}$$

$$v'(t) = \frac{d}{dt}v(t) = \frac{d}{dt}t = 1 \tag{E}$$

式（B）〜式（E）を式（A）に代入します。

$$\int e^{-st}tdt = -\frac{1}{s}e^{-st}t - \int \left(-\frac{1}{s}e^{-st}\right)1dt = -\frac{1}{s}e^{-st}t + \frac{1}{s}\left(-\frac{1}{s}e^{-st}\right)$$

$$-\frac{1}{s}e^{-st}t - \frac{1}{s^2}e^{-st} \tag{F}$$

　ラプラス変換は、このようにラプラス変換式を使って計算することができます。上記の例題15-1〜例題15-3は、表15-1のラプラス変換（逆変換）の中の計算例を説明したものです。表の中には、計算が複雑な関数があります。実際のラプラス変換に際しては表の公式集を機械的に使うと便利です。

[例題15−4]

表15−1の「ラプラス変換（逆変換）の公式集」を使って、次の関数をラプラス変換またはラプラス逆変換しなさい。

① $f(t) = 10$
② $f(t) = 3 + 2e^{4t} - 5e^{-2t}$
③ $f(t) = 2t$
④ $F(s) = -\dfrac{4}{s}$
⑤ $F(s) = \dfrac{1}{s+1}$
⑥ $F(s) = \dfrac{1}{2s+1}$
⑦ $F(s) = \dfrac{3}{s+4} - \dfrac{5}{s-2}$
⑧ $F(s) = \dfrac{\omega}{s^2 + \omega^2}$
⑨ $F(s) = \dfrac{s}{s^2 + \omega^2}$

[解答]

① 公式集の $L\{A\} = \dfrac{A}{s}$ の定数 $A = 10$ の場合です。ラプラス変換は、次の通りです。

$$F(s) = L\{10\} = \dfrac{10}{s}$$

② 公式集の $L\{e^{at}\} = \dfrac{1}{s-a}$、$L\{e^{-at}\} = \dfrac{1}{s+a}$ からラプラス変換は、次の通りです。

$$F\{s\} = L\{3 + 2e^{4t} - 5e^{-2t}\} = L\{3\} + 2L\{e^{4t}\} - 5L\{e^{-2t}\}$$

$$= \dfrac{3}{s} + 2\dfrac{1}{s-4} - 5\dfrac{1}{s+2} = \dfrac{3}{s} + \dfrac{2}{s-4} - \dfrac{5}{s+2}$$

③ 公式集の $L\{t\} = \dfrac{1}{s^2}$ からラプラス変換は、次の通りです。

$$F(s) = L\{2t\} = 2L\{t\} = \dfrac{2}{t^2}$$

④ ラプラス逆変換の場合です。式を書き換えます。

$$F(s) = -\dfrac{4}{s} = -4 \cdot \dfrac{1}{s}$$

$$f(t) = L^{-1}\{F(s)\} = L^{-1}\left\{-4 \cdot \frac{1}{s}\right\} = -4L^{-1}\left\{\frac{1}{s}\right\} = -4$$

ここで、公式集から $f(t) = L^{-1}\left\{\dfrac{1}{s}\right\} = 1$ です。

⑤公式集の $F(s) = \dfrac{1}{s+a}$ の $a=1$ の場合です。

$$f(t) = L^{-1}\{F(s)\} = L^{-1}\left\{\frac{1}{s+1}\right\} = e^{-t}$$

⑥式を書き換えます。

$$F(s) = \frac{1}{2s+4} = \frac{\frac{1}{2}}{s+2} = \frac{1}{2} \cdot \frac{1}{s+2}$$

$$f(t) = L^{-1}\{F(s)\} = L^{-1}\left\{\frac{1}{2} \cdot \frac{1}{s+2}\right\} = \frac{1}{2}e^{-2t}$$

ここで、公式集から $f(t) = L^{-1}\left\{\dfrac{1}{s+2}\right\} = e^{-2t}$ です。

⑦ $f(t) = L^{-1}\{F(s)\} = L^{-1}\left\{\dfrac{3}{s+4} - \dfrac{5}{s-2}\right\} = L^{-1}\left\{\dfrac{3}{s+4}\right\} - L^{-1}\left\{\dfrac{5}{s-2}\right\}$

$$L^{-1}\left\{\frac{3}{s+4}\right\} = 3L^{-1}\left\{\frac{1}{s+4}\right\} = 3e^{-4t}$$

$$L^{-1}\left\{\frac{5}{s-2}\right\} = 5L^{-1}\left\{\frac{1}{s-2}\right\} = 5e^{2t}$$

したがって、

$$f(t) = L^{-1}\{F(s)\} = 3e^{-4t} - 4e^{2t}$$

です。

⑧題意の式を次のように書き換え、逆変換します。

$$F(s) = \frac{\omega}{s^2+\omega^2} = \frac{\omega}{s-(j\omega)^2} = \frac{\omega}{(s-j\omega)(s+j\omega)} = \frac{1}{2j}\left(\frac{1}{s-j\omega} - \frac{1}{s+j\omega}\right)$$

$$= \frac{1}{2j}(e^{j\omega t} - e^{-j\omega t})$$

ここで、公式集から $L^{-1}\left\{\dfrac{1}{s-j\omega}\right\} = e^{j\omega t}$、$L^{-1}\left\{\dfrac{1}{s+j\omega}\right\} = e^{-j\omega t}$ です。

次に、数学の公式〈オイラーの等式[※注]〉を使います。上の式は、

※注：オイラーの等式については付録Dを参照。

$$F(s) = \frac{1}{2j}(e^{j\omega t} - e^{-j\omega t}) = \sin \omega t$$

となります。オイラーの等式の $\theta = \omega t$ の場合です。

⑨同様に、次のように書き換え、逆変換します。

$$F(s) = \frac{s}{s^2 + \omega^2} = \frac{s}{s - (j\omega)^2} = \frac{s}{(s - j\omega)(s + j\omega)} = \frac{1}{2}\left(\frac{1}{s - j\omega} - \frac{1}{s + j\omega}\right)$$

$$= \frac{1}{2}(e^{j\omega t} - e^{-j\omega t})$$

ここで、オイラーの等式を適用します。

$$F(s) = \frac{1}{2}(e^{j\omega t} - e^{-j\omega t}) = cos\, \omega t$$

答：① $\dfrac{10}{s}$、② $\dfrac{3}{s} + \dfrac{2}{s-4} - \dfrac{5}{s+2}$、③ $\dfrac{2}{t^2}$、④ -4、

⑤ e^{-t}、⑥ $\dfrac{1}{2}e^{-2t}$、⑦ $3e^{-4t} - 4e^{2t}$、⑧ $sin\, \omega t$、⑨ $cos\, \omega t$

15-2 $R-L$直列回路と$R-C$直列回路のラプラス変換

$R-L$直列回路と$R-C$直列回路の古典的解法については、第14章で説明しました。同じ回路について、回路方程式を直接ラプラス変換し、その後ラプラス逆変換して時間関数を求める解法(手順)について説明します。

15-2-1 $R-L$直列回路

$R-L$直列回路は図14-1と同じです。回路方程式は、

$$E = Ri + L\frac{di}{dt} \qquad (15-7)^{※注}$$

です。

ラプラス変換の表記に書き直します。

$$E\frac{1}{s} = RI(s) + LsI(s) \qquad (15-8)$$

この式を$I(s)$について書き直します。

$$I(s) = \frac{E}{s(R+sL)}$$

$$= \frac{E}{R} \cdot \frac{R}{sR+s^2L} = \frac{E}{R}\left(\frac{1}{s} \cdot \frac{R}{R+sL}\right) = \frac{E}{R}\left(\frac{1}{s} \cdot \frac{(R+sL)-sL}{R+sL}\right)$$

$$= \frac{E}{R}\left(\frac{1}{s}\left(1 - \frac{sL}{R+sL}\right)\right) = \frac{E}{R}\left(\frac{1}{s}\left(1 - \frac{1}{\frac{R}{sL}+1}\right)\right) = \frac{E}{R}\left(\frac{1}{s} - \frac{1}{s+\frac{R}{L}}\right)$$

$$(15-9)$$

この式が、電流$i(t)$のラプラス変換の式になります。式(15-9)をラプラス逆変換します。ラプラス変換の表記法と公式集から、

$$I(s) \to i(t)$$

$$\frac{1}{s} \to 1$$

※注:第14章の式(14-4)と同じ。

$$\frac{1}{s+\frac{R}{L}} \to e^{-\frac{R}{L}t}$$

となります。したがって、ラプラス逆変換の式は、

$$i(t) = \frac{E}{R}\left(1-e^{-\frac{R}{L}t}\right) \qquad (15-10)^{※注1}$$

となります。

電流 $i(t)$ の過渡特性は図14-2と同じになります。

15-2-2　R-C 直列回路

R-C 直列回路は図14-7と同じです。電流 i に関する回路方程式は

$$E = Ri + \frac{1}{C}\int_0^t i\,dt \qquad (15-11)^{※注2}$$

です。

式（15-11）をラプラス変換の表示に書き直します。

$$E \to \frac{E}{s}$$

$$Ri \to RI(s)$$

$$\frac{1}{C}\int_0^t i\,dt \to \frac{1}{C}\cdot\frac{1}{s}I(s)$$

したがって、式（15-11）は

$$\frac{E}{s} = RI(s) + \frac{1}{C}\cdot\frac{1}{s}I(s) \qquad (15-12)$$

となります。電流 $i(t)$ のラプラス変換の式が得られます。次に、式（15-12）をラプラス逆変換します。

$$\frac{E}{s} = RI(s) + \frac{1}{C}\cdot\frac{1}{s}I(s) = \frac{CsRI(s)+I(s)}{Cs} = \frac{I(s)(CRs+1)}{Cs}$$

両辺の分母の s を打ち消して

$$E = \frac{I(s)(CRs+1)}{C}$$

これから

$$I(s) = \frac{EC}{CRs+1} \qquad (15-13)$$

※注1：第14章の式（14-14）と同じ。
※注2：第14章の式（14-26）と同じ。

15-2 R-L直列回路とR-C直列回路のラプラス変換

が得られます。式（15-13）をラプラス逆変換します。

$$I(s) = \frac{EC}{CRs+1} = \frac{E}{R} \cdot \frac{1}{s+\dfrac{1}{CR}}$$

これから

$$i(t) = \frac{E}{R} e^{-\frac{1}{CR}t} \qquad (15-14)^{※注}$$

が得られます。電流 i の過渡応答は図14-8のようになります。

ラプラス変換による解法について、手順をまとめると以下のようになります。

・回路方程式を導く。
・回路方程式をラプラス変換する。
　このとき、初期条件は、変換した式の中に自然に含まれるので、変換する際には初期条件を考慮する必要がない。
・式（15-8）や式（15-12）のように代数計算で $I(s)$ を求める。
　ラプラス変換の公式集が使えるように式を書き直す。
・求めた $I(s)$ をラプラス逆変換して時間関数 $i(t)$ を求める。

15-2-3　s回路法

上記で説明した解法は、回路方程式を直接ラプラス変換し、その後、ラプラス逆変換して時間関数を求める方法ですが、**s回路法**とは、対象の電気回路を s 回路に書き直した後に、オームの法則やキルヒホッフの法則を使って単純に代数計算し、その後にラプラス逆変換して時間関数を求める方法です。上記解法との違いは、対象の回路を s 回路に書き直すことです。

$R-L$ 直列回路について説明します。最初に、$R-L$ 直列回路（図15-2の(a)）を s 回路（同図 (b)）に書き直します。すなわち、$v(t) \to V(s)$、$i(t) \to I(s)$、$L \to Ls$ のようにラプラス変換の表記にします。

インダクタンス L の場合は、端子電圧のラプラス変換表記が $L\dfrac{di(t)}{dt} \to LsI(s)$ となり、図15-2 (b) の回路電流 $I(s)$ に対してインピーダンスは Ls になるので、同図 (b) のように表記します。

※注：第14章の式（14-32）と同じ。

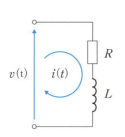 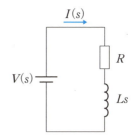

(a) R-L 直列回路　　(b) R-L 直列回路の s 回路

図15-2　R-L 直列回路の s 回路法

次に、電流 $I(s)$ を求めます。図15-2(b) の s 回路でキルヒホッフの法則から、$v(t)=E$ とすると、ラプラス変換表記は $V(s)=\dfrac{E}{s}$ となるので、

$$I(s)=\dfrac{\dfrac{E}{s}}{R+Ls}=\dfrac{E}{R}\left(\dfrac{1}{s}-\dfrac{1}{s+\dfrac{R}{L}}\right)$$

となります。最後に、ラプラス逆変換すると、

$$i(t)=\dfrac{E}{R}\left(1-e^{-\frac{R}{L}t}\right)$$

が得られます。

[例題15-5]
　電圧 E に初期充電されたキャパシタンス C と抵抗 R の短絡回路（図15-3の (a)）に流れる電流の式を s 回路法で求めなさい。

[解答]
　題意の C-R 短絡回路を s 回路に書き直します（図15-3 (b)）。キャパシタンス C の s 回路の表記は、キャパシタンスの初期電圧 E のラプラス変換表記 $v(t)=E \rightarrow \dfrac{E}{s}$、キャパシタンス C の端子電圧のラプラス変換表記 $\dfrac{1}{C}\int v_C(t)dt \rightarrow \dfrac{1}{Cs}$ に分けて回路に表記します。

15-2 R-L直列回路とR-C直列回路のラプラス変換

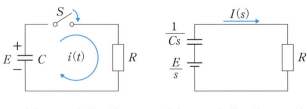

(a) C-R短絡回路　　(b) C-R短絡回路のs回路

図15-3　$C-R$ 短絡回路の s 回路法

次に、s 回路から電流 $I(s)$ を求めます。

$$I(s) = \frac{\frac{E}{s}}{R + \frac{1}{Cs}} = \frac{E}{R} \cdot \frac{1}{s + \frac{1}{CR}}$$

最後に、ラプラス逆変換すると、

$$i(t) = \frac{E}{R} e^{-\frac{1}{CR}t}$$

が得られます。

ここで、回路の流れる電流方向について、キャパシタンスに流入する方向を＋にとれば、上の式は、$i(t) = -\frac{E}{R} e^{-\frac{1}{CR}t}$ となり、第14章式（14-47）と同じになります。

$$答：i(t) = \frac{E}{R} e^{-\frac{1}{CR}t}$$

15-3 インディシャル応答とインパルス応答

　過渡応答には、大別して2種類があります、ステップ応答とインパルス応答です。電気回路の過渡応答を調べる際に、不特定な信号を加えるよりはあらかじめわかっている基準となる信号を加えたほうが後々解析しやすくなります。この基準となる信号が単位ステップ信号と単位インパルス信号になります。単位ステップ信号を使ったインディシャル応答とインパルス応答について説明します。

15-3-1 インディシャル応答

　ステップ応答とは、ある大きさの階段状のステップ信号を加えたときの過渡応答をいいます。特に、大きさが1のステップ信号を**単位ステップ信号**といいます（図15-4）。また、単位ステップ信号を加えたときの応答を**インディシャル応答**といいます。

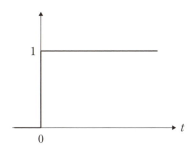

図15-4　単位ステップ信号

　単位ステップ信号を数学記号で表すと、

$$\begin{cases} t < 0 & 0 \\ t \geq 0 & 1 \end{cases} \quad (15-15)$$

となります。時間関数として

$$u(t) = 1(t) \quad (15-16)$$

のように表記します。単位ステップ信号のラプラス変換は、

$$L\{1(t)\} = \frac{1}{s} \quad (15-17)$$

となります。

　R-L 直列回路のインディシャル応答について説明します（図15-5）。この

15-3 インディシャル応答とインパルス応答

回路を s 回路に書き直します（図15−6）

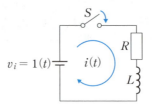

図15−5 $R-L$ 直列回路のインディシャル応答

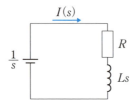

図15−6 $R-L$ 直列回路の s 回路

s 回路から電流 $I(s)$ を求めます。

$$I(s) = \frac{\frac{1}{s}}{R+Ls} = \frac{1}{R}\left(\frac{1}{s} - \frac{1}{s+\frac{R}{L}}\right)$$

これから、ラプラス逆変換して、電流 $i(t)$ は

$$i(t) = \frac{1}{R}\left(1 - e^{-\frac{R}{L}t}\right)$$

が得られます。上記の $R-L$ 直列回路にステップ信号として $v_i(t) = E \cdot 1(t) = E$（図15−7）を加えた場合の電流 $i(t)$ は

$$i(t) = \frac{E}{R}\left(1 - e^{-\frac{R}{L}t}\right)$$

となり、式（15−10）と同じになります。

これまで扱ってきた直流電源は、単位ステップ信号に任意の大きさを乗じたステップ信号であるとみなすことができます。

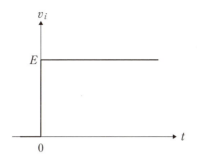

図15−7 大きさ E のステップ信号

[例題15−6]

$R-C$ 直列回路に単位ステップ信号を加えたときの回路電流 $i(t)$ を求めなさい（図15−8）。

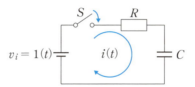

図15−8 $R-C$ 直列回路のインディシャル応答

[解答]

題意の回路を s 回路に書き直したものを図15−9に示します。s 回路から電流 $I(s)$ を求めます。

$$I(s) = \frac{\frac{1}{s}}{R+\frac{1}{Cs}} = \frac{1}{R}\cdot\frac{1}{s+\frac{1}{CR}}$$

これから、ラプラス逆変換して、電流 $i(t)$ は

$$i(t) = \frac{1}{R}e^{-\frac{1}{CR}t}$$

が得られます。ステップ信号として $v_i(t)=E\cdot 1(t)=E$ を加えた場合の電流 $i(t)$ は、

$$i(t) = \frac{E}{R}e^{-\frac{1}{CR}t}$$

となり、式（15−14）と同じになります。

15－3 インディシャル応答とインパルス応答

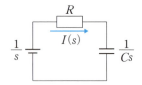

図15－9 $R-C$ 直列回路の s 回路（インディシャル応答）

$$答：i(t) = \frac{1}{R} e^{-\frac{1}{CR}t}$$

15－3－2　インパルス応答

インパルス応答とは、入力信号に単位インパルスを加えたときの過渡応答をいいます。**単位インパルス信号**を図15－10に示します。幅 ε で高さ $\frac{1}{\varepsilon}$ の単位方形波（面積は1）で、$\varepsilon \to 0$ に近づけた極限の方形波を単位インパルスと定義します。

単位インパルス信号は、数学では**デルタ関数**（*Delta function* または *Unit impulse*）といいます。

$\delta(t)$ と表記します。

数学記号では、

$$\begin{cases} t = 0 & \delta(t) \neq 0 \\ t \neq 0 & \delta(t) = 0 \end{cases} \tag{15－18}$$

$$\int_{-\infty}^{\infty} \delta(t) dt = 1 \tag{15－19}$$

と表記します。単位インパルス信号のラプラス変換は、

$$L\{\delta(t)\} = 1 \tag{15－20}$$

となります。

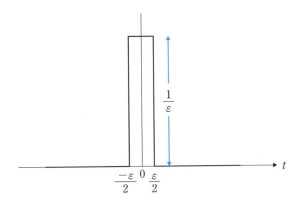

図15－10　単位インパルス信号

[例題15－7]
　R-C 直列回路に単位インパルス信号を加えたときの回路電流 $i(t)$ を求めなさい（図15－11）。

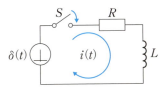

図15－11　R-L 直列回路のインパルス応答

[解答]
　図15－11の s 回路を図15－12に示します。s 回路から電流 $I(s)$ を求めます。

$$I(s)=\frac{1}{R+Ls}=\frac{1}{L}\cdot\frac{1}{s+\dfrac{R}{L}}$$

これから、ラプラス逆変換して、電流 $i(t)$ は

$$i(t)=\frac{1}{L}e^{-\frac{R}{L}t}$$

が得られます。

15-3 インディシャル応答とインパルス応答

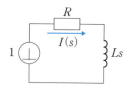

図15-12 $R-L$ 直列回路の s 回路（インパルス応答）

$$答：i(t) = \frac{1}{L}e^{-\frac{R}{L}t}$$

［例題15-8］

図15-13に示すような波形がある。この波形をラプラス変換しなさい。

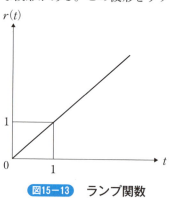

図15-13 ランプ関数

［解答］

$r(t)=t$ で表される関数を**ランプ関数**（Ramp function）といいます。単位ステップ関数は $u(t)=1$ であるので、

$$r(t) = t \cdot u(t) \tag{15-21}$$

と表現することができます。式（15-21）のラプラス変換は、

$$L\{r(t)\} = L\{t \cdot u(t)\} = L\{t \cdot 1\} = L\{t\} = \frac{1}{s^2} \tag{15-22}$$

になります。

$$答：\frac{1}{s^2}$$

付録

付録A R−L−C直列共振回路

抵抗 R、インダクタンス L、キャパシタンス C の直列回路の周波数特性について説明します（図A−1）。

$R−L−C$ 直列接続の合成インピーダンス $\dot{Z}$ は、

$$\dot{Z} = R + j\omega L + \frac{1}{j\omega C}$$

$$= R + j\omega L - j\frac{1}{\omega C}$$

$$= R + j\left(\omega L - \frac{1}{\omega C}\right)$$

$$= \sqrt{R^2 + \left(\omega L - \frac{1}{\omega C}\right)^2} \angle \tan^{-1}\frac{\omega L - \frac{1}{\omega C}}{R} = Z\angle\theta \quad (A-1)$$

となります。

回路に流れる電流 $\dot{I}$ は、

$$\dot{I} = \frac{\dot{E}}{\dot{Z}} = \frac{\dot{E}}{R + j\omega L + \frac{1}{j\omega C}} \quad (A-2)$$

となります。

電流 $\dot{I}$ の大きさ I は、電圧 $\dot{E}$ の大きさを E とすると、

$$I = \frac{E}{Z} = \frac{E}{\sqrt{R^2 + \left(\omega L - \frac{1}{\omega C}\right)^2}} \quad (A-3)$$

または、絶対値 | | を使うと

$$I = \left|\frac{\dot{E}}{\dot{Z}}\right| = \frac{|\dot{E}|}{|\dot{Z}|} = \frac{E}{\sqrt{R^2 + \left(\omega L - \frac{1}{\omega C}\right)^2}}$$

のように表現することができます。

$R−L−C$ 直列回路が共振状態となるためには、

$$\omega L - \frac{1}{\omega C} = 0 \quad \text{または} \quad \omega L = \frac{1}{\omega C} \quad (A-4)$$

が成立する場合で、このときの角周波数 ω_0 と周波数 f_0 は、

$$\omega_0 = \frac{1}{\sqrt{LC}} \quad \text{または} \quad f_0 = \frac{1}{2\pi\sqrt{LC}} \qquad (\text{A}-5)$$

となります。

　角周波数 ω を横軸に、電流の大きさ I を縦軸にとったグラフを図 A-2 に示します。このようなグラフを**共振曲線**といいます。ここで、電流の最大値を I_0 とすると、$\frac{I_0}{\sqrt{2}}$ 倍になる 2 つの角周波数 $\omega_1 (=2\pi f_1)$ と $\omega_2 (=2\pi f_2)$ との差 $\Delta \omega$ ($=2\pi (f_2-f_1)=2\pi \cdot \Delta f$) または Δf を**半値幅**といいます。この値が小さいほど共振曲線はより鋭くなります。

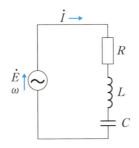

図A-1　$R-L-C$ 直列回路

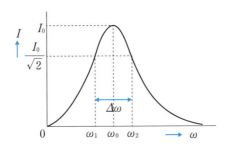

図A-2　$R-L-C$ 直列回路の共振曲線

　次に、$R-L-C$ 直列回路のアドミタンス軌跡について説明します。
　アドミタンス $\dot{Y}$ は、

$$\dot{Y} = \frac{1}{\dot{Z}} = \frac{1}{R+j\omega L + \dfrac{1}{j\omega C}}$$

となります。角周波数 ω を 0 から ∞ までの変化させたときのアドミタンス $\dot{Y}$ の

付録A　R−L−C直列共振回路

変化は、$\omega \to 0$ のときは $\dot{Y} \to 0$、ω 共振角周波数 $\omega = \omega_0$ のときは $\dot{Y} = \dfrac{1}{R}$、$\omega \to \infty$ のときは $\dot{Y} \to 0$ となります。アドミタンス軌跡は図A−3のように円なります。$\omega = \omega_0$ のとき Y が最大となり、このとき電流 I は $I = E \times Y$（大きさ E は一定）から最大になります。

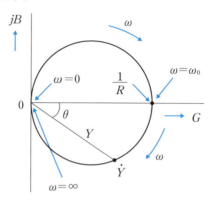

図A−3　$R-L-C$ 直列回路のアドミタンス軌跡

付録B 三相交流電源

次式で表される3つの電源電圧の瞬時値 e_a、e_b、e_c を図B-1に示します。この3つの電源を **Y形** または **Δ（デルタ）形** に接続したものを対称三相交流電源といいます（図B-2）。すなわち、各電圧の実効値 $\left(E_{RMS} = \dfrac{E_m}{\sqrt{2}}\right)$ が等しく、各電圧間の位相が $\dfrac{2}{3}\pi\,(=120°)$ である3つの電源の接続になります。Y形の接続方式を **Y接続** または **星形（スター）接続** といいます。Δ形の接続を **Δ接続** といいます。各電圧の相を a 相、b 相、c 相といいます。また、Y接続の点 N を中性点といいます。対称三相交流の特徴は、3つの相の瞬時値の和がつねに 0 になることです。Y接続と Δ（デルタ）接続いずれも、電力系統の送配電に使用されます。

$$\begin{cases} e_a = E_m \sin \omega t = \sqrt{2}\, E_{RMS} \sin \omega t \\ e_b = E_m \sin (\omega t - 120°) = \sqrt{2}\, E_{RMS} \sin \left(\omega t - \dfrac{2}{3}\pi\right) \\ e_c = E_m \sin (\omega t - 240°) = \sqrt{2}\, E_{RMS} \sin \left(\omega t - \dfrac{4}{3}\pi\right) \end{cases} \quad (\text{B}-1)$$

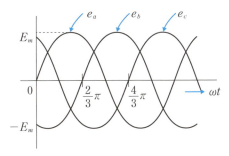

図B-1 対称三相交流電源の瞬時値

付録B 三相交流電源

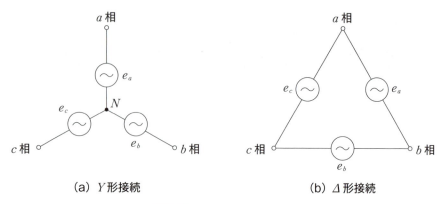

(a) Y形接続　　　(b) Δ形接続

図B-2　対称三相交流電源

式（B-1）を極形式（フェーザ表示）、指数関数表示、複素数で表すと次式になります。また、これらの電圧をフェーザ図で表すと図B-3になります。ここで、電圧 $\dot{V}_a, \dot{V}_b, \dot{V}_c$ を**相電圧**または**星形電圧**といいます。

$$\begin{cases} \dot{V}_a = E_{RMS} \angle 0° = E_{RMS} e^{j0} = E_{RMS}(\cos 0 - j\sin 0) = E_{RMS} \\ \dot{V}_b = E_{RMS} \angle -120° = E_{RMS} e^{-j\frac{2}{3}\pi} \\ \quad = E_{RMS}\left(\cos\frac{2\pi}{3} - j\sin\frac{2\pi}{3}\right) = E_{RMS}\left(-\frac{1}{2} - j\frac{\sqrt{3}}{2}\right) \\ \dot{V}_c = E_{RMS} \angle -240° = E_{RMS} e^{-j\frac{4}{3}\pi} \\ \quad = E_{RMS}\left(\cos\frac{4\pi}{3} - j\sin\frac{4\pi}{3}\right) = E_{RMS}\left(-\frac{1}{2} + j\frac{\sqrt{3}}{2}\right) \end{cases} \quad (B-2)$$

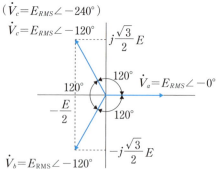

図B-3　対称三相交流電源のフェーザ図

次に、図B−3の線間電圧を $\dot{V}_{ab}$、$\dot{V}_{bc}$、$\dot{V}_{ca}$ とします（図B−4）。相電圧と線間電圧の関係（**Y−Δ変換**という）を求めると次式になります。式（B−2）の $\dot{V}_a = E_{RMS}$、$\dot{V}_b = E_{RMS} e^{-j\frac{2}{3}\pi}$、$\dot{V}_c = E_{RMS} e^{-j\frac{4}{3}\pi}$ の関係を使います。

$$\dot{V}_{ab} = \dot{V}_a - \dot{V}_b = E_{RMS} - E_{RMS}\left(-\frac{1}{2} - j\frac{\sqrt{3}}{2}\right) = E_{RMS}\left(\frac{3}{2} + j\frac{\sqrt{3}}{2}\right)$$

$$= \sqrt{3} E_{RMS}\left(\frac{\sqrt{3}}{2} + j\frac{1}{2}\right) = \sqrt{3} E_{RMS} e^{j\frac{\pi}{6}} = \sqrt{3} \dot{V}_a e^{j\frac{\pi}{6}}$$

$$\dot{V}_{bc} = \dot{V}_b - \dot{V}_c = E_{RMS}\left(-\frac{1}{2} - j\frac{\sqrt{3}}{2}\right) - E_{RMS}\left(-\frac{1}{2} + j\frac{\sqrt{3}}{2}\right)$$

$$= E_{RMS}\left(0 + j\sqrt{3}\right) = \sqrt{3} E_{RMS}\left(0 + j\right) = \sqrt{3} E_{RMS} e^{-j\frac{\pi}{2}}$$

$$= \sqrt{3} E_{RMS} e^{j\left(-\frac{2\pi}{3} + \frac{\pi}{6}\right)} = \sqrt{3} E_{RMS} e^{-j\frac{2\pi}{3}} e^{j\frac{\pi}{6}} = \sqrt{3} \dot{V}_b e^{j\frac{\pi}{6}}$$

$$\dot{V}_{ca} = \dot{V}_c - \dot{V}_a = E_{RMS}\left(-\frac{1}{2} + j\frac{\sqrt{3}}{2}\right) - E_{RMS} = E_{RMS}\left(-\frac{3}{2} + j\frac{\sqrt{3}}{2}\right)$$

$$= \sqrt{3} E_{RMS}\left(-\frac{\sqrt{3}}{2} + j\frac{1}{2}\right) = \sqrt{3} E_{RMS} e^{-j\frac{7\pi}{6}}$$

$$= \sqrt{3} E_{RMS} e^{j\left(-\frac{4\pi}{3} + \frac{\pi}{6}\right)} = \sqrt{3} E_{RMS} e^{-j\frac{4\pi}{3}} e^{j\frac{\pi}{6}} = \sqrt{3} \dot{V}_c e^{j\frac{\pi}{6}}$$

（B−3）

この式から、各線間電圧は各相電圧の $\sqrt{3}$ 倍の大きさをもち、位相はそれぞれ $\dot{V}_a$、$\dot{V}_b$、$\dot{V}_c$ よりも $\frac{\pi}{6}$（＝30°）進んでいることがわかります。

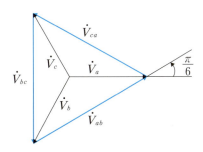

図B−4 相電圧と線間電圧の関係

付録B　三相交流電源

　三相交流電源には、三相負荷が接続され電力が供給されます。三相負荷も Y 接続と Δ 接続があります。電源と負荷のそれぞれの接続方式により、Y 形電源と Y 形負荷、Y 形電源と Δ 形負荷、Δ 形電源と Y 形負荷、Δ 形電源と Δ 形負荷を接続した交流回路があります。

付録C　2端子対回路

　1つの電気回路を、送り出し側である入力端子と受け取り側である出力端子をもつ2端子対回路として扱う回路を **2端子対回路** または **4端子網** または **2ポート** といいます（図C-1）。2端子回路では、抵抗R、インダクタンスL、キャパシタンスC、トランス結合（相互インダクタンスM）などの受動素子だけでなく、トランジスタなどの能動素子も含みます。

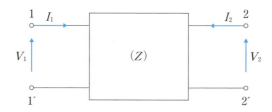

図C-1　2端子対回路（Zマトリクスの場合）

2端子対回路は次の条件を満足する必要があります。
- 回路内部に電源を含まない。トランジスタの直流電源は含んでも構わない。
- 重ねの定理を適用することができる。
- 入力の1つの端子から流れ込んだ電流は、入力の他端子から流れ出る。出力側も同様で、出力の1つの端子から流れ込んだ電流は、出力の他端子から流れ出る。

　2端子対回路の基本的な表示法として、図C-1に示すように、入力側を1-1端子、出力側を2-2端子とし、入力側電圧$\dot{V}_1$と電流$\dot{I}_1$、出力側電圧$\dot{V}_2$と電流$\dot{I}_2$は図の矢印の方向にします（マトリクスによって、電流$\dot{I}_2$方向を逆にする場合があります）。

　2端子対回路の特性表示には、**2行2列のマトリクス**（行列）が使われます。ここでは3つの表示法について説明します。

C-1　Zマトリクス

　この表示法は、入出力の電圧と入出力の電流を結びつけるマトリクスで、Z行列またはインピーダンス行列ともいいます（図C-1と同じ）。
　入出力の電圧と電流の関係を

$$\begin{cases} V_1 = z_{11}I_1 + z_{12}I_2 \\ V_2 = z_{21}I_1 + z_{22}I_2 \end{cases} \quad (\text{C}-1)$$

とすると、これを行列で表すと

$$\begin{pmatrix} V_1 \\ V_2 \end{pmatrix} = \begin{pmatrix} z_{11} & z_{12} \\ z_{21} & z_{22} \end{pmatrix} \begin{pmatrix} I_1 \\ I_2 \end{pmatrix} \quad (\text{C}-2)$$

となります。
このとき

$$(Z) = \begin{pmatrix} z_{11} & z_{12} \\ z_{21} & z_{22} \end{pmatrix} \quad (\text{C}-3)$$

を Z マトリクスといいます。また、z_{ij} を Z パラメータといいます。

Z パラメータが抵抗のみの場合（r_{ij}）であれば、Z マトリクスは

$$(R) = \begin{pmatrix} r_{11} & r_{12} \\ r_{21} & r_{22} \end{pmatrix} \quad (\text{C}-4)$$

となります。これを R パラメータといいます。

C-2 Yマトリクス

この表示法は、入出力の電流と入出力の電圧を結びつけるマトリクスで、Y 行列またはアドミタンス行列ともいいます（図C-2）。

入出力の電流と電圧の関係を

$$\begin{cases} I_1 = y_{11}V_1 + y_{12}V_2 \\ I_2 = y_{21}V_1 + y_{22}V_2 \end{cases} \quad (\text{C}-5)$$

とします。これを行列で表すと

$$\begin{pmatrix} I_1 \\ I_2 \end{pmatrix} = \begin{pmatrix} y_{11} & y_{12} \\ y_{21} & y_{22} \end{pmatrix} \begin{pmatrix} V_1 \\ V_2 \end{pmatrix} \quad (\text{C}-6)$$

となります。このとき

$$(Y) = \begin{pmatrix} y_{11} & y_{12} \\ y_{21} & y_{22} \end{pmatrix} \quad (\text{C}-7)$$

を Y マトリクスといいます。また、y_{ij} を Y パラメータといいます。

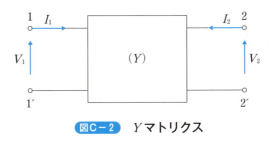

図C−2 Yマトリクス

C−3 Hマトリクス

この表示法は、トランジスタ回路によく使われます。図C−3のように、電圧と電流の方向をとると、入出力の電流と電圧の関係は

$$\begin{cases} V_1 = h_{11} I_1 + h_{12} V_2 \\ I_2 = h_{21} I_1 + h_{22} V_2 \end{cases} \quad (\text{C}-8)$$

となります。これを行列で表すと

$$\begin{pmatrix} V_1 \\ I_2 \end{pmatrix} = \begin{pmatrix} h_{11} & h_{12} \\ h_{21} & h_{22} \end{pmatrix} \begin{pmatrix} I_1 \\ V_2 \end{pmatrix} \quad (\text{C}-9)$$

となります。このとき

$$(H) = \begin{pmatrix} h_{11} & h_{12} \\ h_{21} & h_{22} \end{pmatrix} \quad (\text{C}-10)$$

を**hマトリクス**（hybrid matrix）といいます。また、h_{ij}を**hパラメータ**といいます。

2端子対回路の中身が、エミッタ接地のトランジスタであれば、Hパラメータ $h_{21} \left(= \dfrac{I_2}{I_1} \right)$ は電流増幅率 h_{FE} になります。

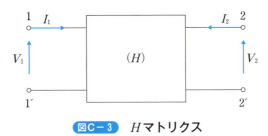

図C−3 Hマトリクス

付録D 三角関数の公式

A．直角三角形において成立する公式

- （ピタゴラスの定理）　$a^2+b^2=c^2$
- 正弦（サイン）　$\sin\theta = \dfrac{b}{c}$
- 余弦（コサイン）　$\cos\theta = \dfrac{a}{c}$
- 正接（タンジェント）　$\tan\theta = \dfrac{b}{a}$

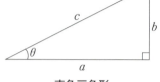

直角三角形

- $\tan\theta = \dfrac{\sin\theta}{\cos\theta}$、$\sec\theta = \dfrac{1}{\cos\theta}$、$\text{cosec}\,\theta = \dfrac{1}{\sin\theta}$、$\cot\theta = \dfrac{1}{\tan\theta}$
- $\theta = \tan^{-1}\dfrac{b}{a}$

B．相互関係

- $\sin^2\theta + \cos^2\theta = 1$
- $\tan\theta = \dfrac{\sin\theta}{\cos\theta}$
- $\sin(-\theta) = -\sin\theta$
- $\cos(-\theta) = \cos\theta$
- $\tan(-\theta) = -\tan\theta$
- $\sin\left(\theta + \dfrac{\pi}{2}\right) = \cos\theta$
- $\cos\left(\theta + \dfrac{\pi}{2}\right) = -\sin\theta$
- $\tan\left(\theta + \dfrac{\pi}{2}\right) = -\dfrac{1}{\tan\theta}$
- $\sin(\theta + \pi) = -\sin\theta$
- $\cos(\theta + \pi) = -\cos\theta$
- $\tan(\theta + \pi) = \tan\theta$
- $\sin(\theta + 2\pi) = \sin\theta$
- $\cos(\theta + 2\pi) = \cos\theta$

- $\tan(\theta+2\pi)=\tan\theta$
- $\sin(\theta+4\pi)=\sin\theta$
- $\cos(\theta+4\pi)=\cos\theta$
- $\tan(\theta+4\pi)=\tan\theta$
- $A\sin\theta+B\cos\theta=\sqrt{A^2+B^2}\sin\left(\theta+\tan\theta^{-1}\dfrac{B}{A}\right)$

C．加法定理

- 正弦の法則　　$\sin(A\pm B)=\sin A\cdot\cos B\pm\cos A\cdot\sin B$
- 余弦の法則　　$\cos(A\pm B)=\cos A\cdot\cos B\mp\sin A\cdot\sin B$
- 正接の法則　　$\tan(A\pm B)=\dfrac{\tan A\pm\tan B}{1\mp\tan A\cdot\tan B}$

D．積の公式

- $\sin\theta\cdot\cos\phi=\dfrac{1}{2}\{(\sin(\theta+\phi)+\sin(\theta-\phi)\}$
- $\cos\theta\cdot\sin\phi=\dfrac{1}{2}\{(\sin(\theta+\phi)-\sin(\theta-\phi)\}$
- $\cos\theta\cdot\cos\phi=\dfrac{1}{2}\{(\cos(\theta+\phi)+\cos(\theta-\phi)\}$
- $\sin\theta\cdot\sin\phi=-\dfrac{1}{2}\{(\cos(\theta+\phi)-\cos(\theta-\phi)\}$

E．和と差の公式

- $\sin\theta+\sin\phi=2\sin\dfrac{\theta+\phi}{2}\cos\dfrac{\theta-\phi}{2}$
- $\sin\theta-\sin\phi=2\cos\dfrac{\theta+\phi}{2}\sin\dfrac{\theta-\phi}{2}$
- $\cos\theta+\cos\phi=2\cos\dfrac{\theta+\phi}{2}\cos\dfrac{\theta-\phi}{2}$
- $\cos\theta-\cos\phi=-2\sin\dfrac{\theta+\phi}{2}\sin\dfrac{\theta-\phi}{2}$

F．倍角公式

- $\sin(2\theta)=2\sin\theta\cdot\cos\theta$

- $cos(2\theta) = cos^2\theta - sin^2\theta = 1 - 2sin^2\theta$
- $sin^2\theta = \dfrac{1 - cos 2\theta}{2}$
- $cos^2\theta = \dfrac{1 + cos 2\theta}{2}$

G. 三角関数値

- $sin\ 30° = \dfrac{1}{2}$、$cos\ 30° = \dfrac{\sqrt{3}}{2}$、$tan\ 30° = \dfrac{1}{\sqrt{3}}$
- $sin\ 45° = \dfrac{1}{\sqrt{2}}$、$cos\ 45° = \dfrac{1}{\sqrt{2}}$、$tan\ 45° = 1$
- $sin\ 60° = \dfrac{\sqrt{3}}{2}$、$cos\ 60° = \dfrac{1}{2}$、$tan\ 60° = \sqrt{3}$
- $\pi\ [rad] = 180°$、$1\ [rad] = \dfrac{180°}{\pi}$、$1° = \dfrac{\pi}{180}\ [rad]$

H. オイラーの等式

- $e^{i\theta} = cos\ \theta + i\ sin\ \theta$
- $cos\ \theta = \dfrac{e^{i\theta} + e^{-i\theta}}{2}$
- $sin\ \theta = \dfrac{e^{i\theta} - e^{-i\theta}}{2j}$

付録

付録E ギリシャ文字、電気と磁気の単位、接頭語

E−1 ギリシャ文字表

大文字	小文字	名称
A	α	アルファ
B	β	ベータ
Γ	γ	ガンマ
Δ	δ	デルタ
E	ε	イプシロン
Z	ζ	ジータ
H	η	イータ
Θ	θ	シータ
I	ι	イオタ
K	κ	カッパ
Λ	λ	ラムダ
M	μ	ミュー
N	ν	ニュー
Ξ	ξ	クサイ
O	o	オミクロン
Π	π	パイ
P	ρ	ロー
Σ	σ	シグマ
T	τ	タウ
Υ	υ	ユプシロン
Φ	ϕ	ファイ
X	χ	カイ
Ψ	ψ	プサイ
Ω	ω	オメガ

付録E　ギリシャ文字、電気と磁気の単位、接頭語

E−2　電気と磁気の単位表

量	量記号	関係式	名称	単位記号
電流	I	$I=V/R$	アンペア（ampere）	A
電圧	V	$P=VI$	ボルト（volt）	V
電気抵抗	R	$R=V/I$	オーム（ohm）	Ω
電気量（電荷）	Q	$Q=It$	クーロン（coulomb）	C
静電容量	C	$C=Q/V$	ファラド（farad）	F
電界の強さ	E	$E=V/l$	ボルト毎メートル	V/m
電束密度	D	$D=Q/A$	クーロン毎平方メートル	C/m^2
誘電率	ε	$\varepsilon=V/I$	ファラド毎メートル	F/m
磁界の強さ	H	$H=I/t$	アンペア毎メートル	A/m
磁束	ϕ	$V=\Delta\phi/\Delta t$	ウェーバ（weber）	Wb
磁束密度	B	$B=\phi A$	テスラ（tesla）	T
自己（相互）インダクタンス	$L\,(M)$	$M=\phi I$	ヘンリー（henry）	H
透磁率	μ	$\mu=B/H$	ヘンリー毎メートル	H/m

（t：時間 $[s]$、l：長さ $[m]$、A：面積 $[m^2]$、P：電力 $[W]$）

E−3　接頭語の表

名称	記号	倍数
テラ（tera）	T	10^{12}
ギガ（giga）	G	10^9
メガ（mega）	M	10^6
キロ（kilo）	k	10^3
ヘクト（hecto）	h	10^2
デガ（deca）	da	10
デシ（deci）	d	10^{-1}
センチ（centi）	c	10^{-2}
ミリ（mili）	m	10^{-3}
マイクロ（micro）	μ	10^{-6}
ナノ（nano）	n	10^{-9}
ピコ（pico）	p	10^{-12}

索引

数字

1次回路	155
2次回路	155
2端子対回路	243
2ポート	243
4端子網	243

欧

bridge	38
capacitance	29
conductance	22
conductivity	20
Delta function	232
electric circuit	12
electric energy	18
electric power	17
electrical potential	14
hybrid matrix	245
h パラメータ	245
h マトリクス	245
Kirchhoff's law	42
Laplace	216
Laplace transformation	216
Ohm's Law	32
phasor	85
rad	66
resistivity	20
R パラメータ	244
s 回路	226
s 回路法	226
time constant	200
Unit impulse	232
var	136
voltage	14
$Y-\Delta$ 変換	241
Y 形	239
Y 行列	244
Y 接続	239
Y パラメータ	244
Y マトリクス	244
Z パラメータ	244
Z マトリクス	244
Δ 形	239
Δ 接続	239

ア

アース	14, 16
アドミタンス	115, 123, 164, 182, 188
アドミタンス角	116
アドミタンス軌跡	191, 237
アドミタンス行列	244
アドミタンス図	116, 117, 123
アドミタンスの大きさ	116
アドミタンスの極座標表示	116
アドミタンスの極表示	116
アドミタンス面	190
網目電流法	47
アンペア	12
アンペールの右ねじの法則	26, 150

イ

位相	28, 31, 92, 106, 107, 120, 121, 180, 181, 182, 183, 239, 241
位相角	66, 76, 85

位相差	67	共振曲線	237
一般解	197	共振状態	236
インダクタンス	20, 26, 97, 180	極形式	240
インディシャル応答	229	極座標表示	76
インパルス応答	232	極表示	76
インピーダンス	164, 180	虚数成分	76, 83
インピーダンス角	76, 85, 109	虚数単数	76
インピーダンス軌跡	191	キルヒホッフ則	144
インピーダンス図	109, 130	キルヒホッフの電圧則	43, 44, 45, 46, 48, 49
インピーダンスの極座標表示	109	キルヒホッフの電流則	42, 48
インピーダンスの極表示	109	キルヒホッフの法則	36, 40, 42, 144, 226
インピーダンスの複素数表示	109	キロワットアワー	19
インピーダンス面	190	キロワット時	19
		近似的等価回路	165

オ

大文字	217
オームの法則	21, 32, 34, 36, 92, 226
オームメートル	20

ク

グランド	14
クーロン	12, 15, 29

カ

回路方程式	156, 157, 196, 205
回路要素	92, 96, 99
ガウス平面	76
角周波数	66, 236
角速度	66
加減算	80
重ね合わせの定理	51
重ね（合わせ）の理	144
重ねの定理	51
過度応答	199, 200, 207
過度解	197
過度現象	196
ガルバノメータ	38

ケ

検流計	38

コ

コイル	150
合成インピーダンス	129, 130, 236
合成抵抗	34, 37
交流	66
古典的解法	197
小文字	217
コンダクタンス	22, 116, 124, 182
コンデンサ	29

キ

キャパシタンス	20, 29, 99, 181, 204, 208
共役複素数	77, 143

サ

最大値	66, 72
最大電力の供給	62
最大電力の整合	62

索 引

鎖交磁束	27
サセプタンス	116, 124
作動結合	155

シ

自己インダクタンス	20, 26, 150, 152, 162
仕事量	15, 17
指数関数	216
指数関数表示	89, 240
磁束	150
実効値	69, 72, 239
実数成分	76, 83
時定数	200
ジーメンス	22
シーメンス毎メートル	21
周期	67, 72
周波数	67, 236
周波数特性	180, 184, 236
ジュール	15, 17, 136
ジュールの法則	17
瞬時値	66, 69, 92
乗算	80
初期位相	67
初期条件	197, 198
初期値	204, 205
初期電荷	204, 208
除算	80

ス

| スター接続 | 239 |
| ステップ応答 | 229 |

セ

正弦波交流	66, 89
正弦波交流電圧	72
静止ベクトル	89

静電容量	29
積分記号	217
接続	239
絶対値	236
接地	14
節点	42
線間電圧	241
センターゼロ	38

ソ

相互インダクタンス	20, 151, 152, 162
相電圧	240
相電圧と線間電圧の関係	241

タ

第1法則（電流則）	36
第2法則（電圧則）	40
対称三相交流電源	239
単位インパルス記号	232
単位ステップ記号	229

チ

| 直列回路 | 35 |
| 直列接続 | 34, 106 |

テ

抵抗	92, 180
抵抗損	173
抵抗率	20
定常解	197
鉄損	173
デルタ形	239
デルタ関数	232
電圧	14
電圧則	43, 144
電圧の分圧	34, 39
電圧比	166

電位	14, 39
電位差	14
電荷	12, 29, 204, 205
電荷量	204
電気回路	12
電気抵抗	20
電磁誘導起電力	151
電磁誘導結合	150
電磁誘導結合回路	155
電磁誘導電圧	151
電流増幅率	245
電流則	42, 144
電流の分流	37
電流比	167
電力	17, 33, 62, 134
電力計	17
電力最大の条件	64
電力量	18
電力量計	18

ト

同位相	92
等価回路	165
等価自己インダクタンス	158
等価電源	57, 59, 61
銅損	173
導電率	20
特殊解	197
トランジスタ回路	245
トランス	162

ナ

内部抵抗	57, 59, 61

ニ

ニュートン	15

ハ

波高値	69
半値幅	237
バール	136

ヒ

ピコ・ファラッド	29
皮相電力	136
微分記号	217

フ

ファラッド	29
ファラデーの電磁誘導法則	26
ファラデーの法則	26
フェーザ図	
	85, 93, 97, 101, 106, 107, 120, 121
フェーザ表示	85, 89, 93, 97, 100, 240
複素数	76, 89, 216, 240
複素電力	143
複素平面	76
ブリッジ回路	38
ブリッジ回路の平衡条件	39

ヘ

平均値	69
並列回路	37
並列接続	120
ヘルツ	67
変圧器	162
変圧器結合	162
変圧器結合回路	163
変圧比	170
偏角	76
ヘンリー	26

ホ

ホイートストンブリッジ	39

索 引

鳳・テブナンの定理　　57, 64, 144
星形　　239
星形電圧　　240
ボルト　　15
ボルトアンペア　　136

マ

マイクロ・ファラッド　　29
巻数比　　164

ム

無効電力　　136
無負荷損失　　173

ユ

有効電力　　135
誘導起電力　　26
誘導性インピーダンス　　110
誘導性サセプタンス　　116
誘導性リアクタンス　　110

ヨ

容量性インピーダンス　　110
容量性サセプタンス　　116
容量性リアクタンス　　110

ラ

ラプラス演算子　　216
ラプラス記号　　216
ラプラス逆変換　　221, 224, 225, 227, 228
ラプラスの逆変換　　216
ラプラス変換　　216
ラプラス変換（逆変換）の公式表　　218
ラプラス変換式　　216
ラプラス変換による解法　　226
ラプラス変換の式　　224, 225
ラプラス変換の表記　　217

ラプラス変換表記　　217
ラプラス変数　　216
ランプ関数　　234

リ

リアクタンス　　110
力率　　136
力率改善　　142
理想変圧器　　165

レ

励磁電流　　165
レンツの法則　　27

ワ

ワット　　17, 136
ワット時　　18
ワットセカンド　　18
ワットアワー　　18
ワット秒　　18

255

■著者紹介

臼田 昭司（うすだ しょうじ）

1975 年	北海道大学大学院工学研究科修了 工学博士
	東京芝浦電気㈱（現・東芝）などで研究開発に従事
1994 年	大阪府立工業高等専門学校総合工学システム学科・専攻科 教授
2008 年	大阪府立工業高等専門学校地域連携テクノセター・産学交流室長、華東理工大学（上海）客員教授、山東大学（中国山東省）客員教授、ベトナム・ホーチミン工科大学客員教授
2013 年	大阪電気通信大学客員教授 & 客員研究員、立命館大学理工学部兼任講師
	現在に至る

専門： 電気・電子工学、計測工学、実験・教育教材の開発と活用法

研究： リチウムイオン電池と蓄電システムの研究開発、リチウムイオンキャパシタの応用研究、企業との奨励研究や共同開発の推進など。平成 25 年度「電気科学技術奨励賞」（リチウムイオン電池の製作研究に関する研究指導）受賞

主な著者：『読むだけで力がつく電気・電子再入門』（日刊工業新聞社 2004 年）、『リチウムイオン電池回路設計入門』（日刊工業新聞社 2012 年）、『はじめての電気工学』（森北出版社 2014 年）他多数

例題で学ぶ はじめての電気回路（でんきかいろ）

2016 年 12 月 10 日 初版 第 1 刷発行

著 者	臼田 昭司	
発行者	片岡 巌	
発行所	株式会社 技術評論社	
	東京都新宿区市谷左内町 21-13	
	電話 03-3513-6150	販売促進部
	03-3267-2270	書籍編集部
印刷／製本	港北出版印刷株式会社	

●装丁　　　　辻聡
●組版＆トレース　株式会社キャップス
●編集　　　　谷戸伸好

定価はカバーに表示してあります。

本書の一部または全部を著作権法の定める範囲を超え、無断で複写、複製、転載、テープ化、ファイル化することを禁じます。

造本には細心の注意を払っておりますが、万一、乱丁（ページの乱れ）や落丁（ページの抜け）がございましたら、小社販売促進部までお送りください。送料小社負担にてお取り替えいたします。

©2016 臼田昭司
ISBN978-4-7741-8533-0 C3054
Printed in Japan

■お願い

　本書に関するご質問については、本書に記載されている内容に関するもののみとさせていただきます。本書の内容と関係のないご質問につきましては、一切お答えできませんので、あらかじめご了承ください。また、電話でのご質問は受け付けておりませんので、FAX か書面にて下記までお送りください。
　なお、ご質問の際には、書名と該当ページ、返信先を明記してくださいますよう、お願いいたします。

宛先：〒162-0846
東京都新宿区市谷左内町 21-13
株式会社技術評論社　書籍編集部
「はじめての電気回路」質問係
FAX：03-3267-2271

　ご質問の際に記載いただいた個人情報は質問の返答以外の目的には使用いたしません。また、質問の返答後は速やかに削除させていただきます。